LE LIVRE

DE TOUS LES MÉNAGES,

O U

L'ART DE CONSERVER,

PENDANT PLUSIEURS ANNÉES,

TOUTES LES SUBSTANCES ANIMALES ET VÉGÉTALES.

Prix 3 fr., et par la poste 3 fr. 5o c.

L'auteur s'est conformé à tout ce qu'exige la loi pour assurer sa propriété ; il prévient en conséquence qu'il poursuivra les contrefacteurs et débitants d'exemplaires contrefaits ; et que tout exemplaire qui ne portera pas sa signature, sera réputé *contrefaçon.*

Appert

L'ART DE CONSERVER,

PENDANT PLUSIEURS ANNÉES,

TOUTES LES SUBSTANCES ANIMALES ET VÉGÉTALES;

OUVRAGE soumis au Bureau consultatif des Arts et Manufactures, revêtu de son approbation, et publié sur l'invitation de S. Exc. le Ministre de l'intérieur.

PAR APPERT,

Propriétaire à Massy, Département de Seine et Oise, ancien Confiseur et Distillateur, élève de la bouche de la Maison ducale de Christian IV.

« J'ai pensé que votre découverte méritait » un témoignage particulier de la bienveillance » du Gouvernement ».

Lettre de S. Exc. le Ministre de l'intérieur.

A PARIS,

CHEZ PATRIS ET Cie IMPRIMEURS-LIBRAIRES, QUAI NAPOLÉON, AU COIN DE LA RUE DE LA COLOMBE, N° 4.

~~~~~~~~~

1810.

EXPLICATION DE LA PLANCHE.

Le parfait bouchage étant de la plus grande importance pour obtenir la conservation de toutes les substances alimentaires, je me suis servi, pour y parvenir, des appareils figurés sur la planche suivante, qui, quoique suscepltibles de perfection, ont parfaitement rempli mon objet. En conséquence, je crois devoir en donner l'explication.

Figure première. Dévidoir à deux ailes en fer, servant à doubler le fil de fer, que l'on coupe ensuite par le milieu du dévidoir, pour avoir deux longueurs doubles suffisantes pour fixer les bouchons sur les bouteilles.

Deuxième. Petite machine à tordre ensemble, sur un tiers de leur longueur, les branches des fils de fer pliés en deux sur la machine précédente.

Troisième. Mâchoir en fer, servant à comprimer et à mâcher, aux trois quarts de leur longueur, les bouchons, en commençant par l'extrémité la plus petite.

Quatrième. Tabouret foncé en paille, muni d'une petite tablette en bois, sur laquelle on pose les bouteilles pour ficeler et assujétir les bouchons plus facilement. Le même tabouret peut servir à s'asseoir près du casse-bouteille lorsqu'il s'agit de boucher.

Cinquième. Billot de bois, *nommé Casse-Bouteille*, creusé à sa surface supérieure en forme de cuvette plate, sur le fond de laquelle on pose le cul des bouteilles, lorsqu'on veut les boucher. Ce billot est accompagné d'une forte palette en bois, servant à faire entrer de force les bouchons.

Sixième. Vue de face et de profil, d'une Pince à bec et à rivure, dont on pourra se servir à tortiller le fil de fer employé à maintenir les bouchons, et à couper en même temps les bouts de fil de fer excédant.

Je me sers, comme je l'indiquerai, de pince plate et de cisailles, pour cette opération.

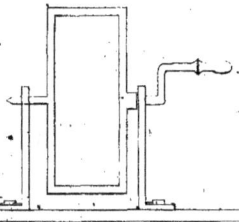

Fig. 1.

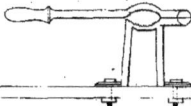

Fig. 3.

Fig. 6.
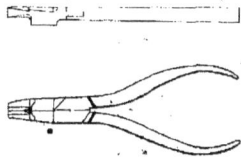

Fig. 4.

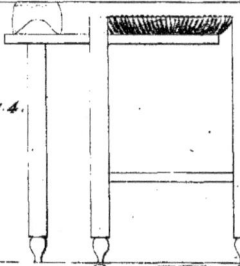

Fig. 5.

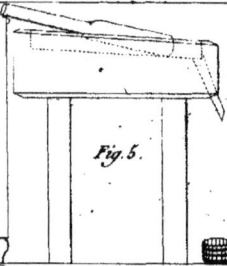

Fig. 2.

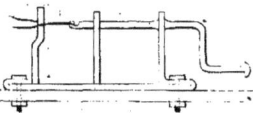

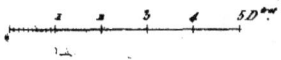

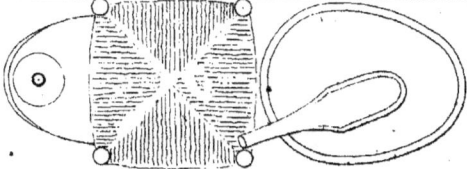

Gravé par N.L. Rousseau.

AVIS

DE L'ÉDITEUR.

~~~~~~~~~~~~~~~

Pour éviter les contrefaçons qui pourraient avoir lieu dans la fabrication des substances conservées qui seraient annoncées comme de la fabrique de Massy, nous venons de prendre avec M. Appert des arrangements qui nous permettent d'annoncer au public, qu'il trouvera dans nos magasins, quai Napoléon, au coin de la rue de la colombe n° 4, dans la Cité, à Paris, un assortiment de comestibles conservés, de la fabrique de Massy, à des prix doux, et qui seront fixés dans un catalogue que nous publierons incessamment par la voie des journaux.

N. B. Comme il est des articles qu'on ne

prépare pas en nombre, MM. les Amiraux
chefs d'escadres, et les États-majors qui dési-
reraient s'approvisionner pour des voyages
de long cours, sont priés de faire leurs
demandes à l'avance.

PRÉFACE.

L'ART de conserver pendant plusieurs années, dans toute leur fraîcheur, et avec toutes leurs propriétés naturelles, toutes les substances animales et végétales, n'est plus une de ces découvertes douteuses, prônées seulement par l'intérêt et la cupidité.

Ma méthode, exempte de tous les inconvénients qu'on pouvait justement reprocher à toutes celles que l'on a employées jusqu'ici, a reçu la sanction d'une longue expérience; elle est appuyée des témoignages de tous les gens de l'art les plus habiles, et du suffrage de nombreux consommateurs.

Le principe dont je me sers est unique; il agit de la même manière et opère les mêmes effets sur toutes les substances alimentaires sans exception.

Un Ministre éclairé, ardent ami des arts et de l'humanité, après avoir fait vérifier mes procédés par une commission spéciale, a daigné accorder à mes travaux des encouragements qui doubleront mon zèle; mais la récompense la plus flatteuse qu'il pût m'accorder, c'est l'invitation de rendre publique, par la voie de l'impression, la connaissance de mes procédés, ma découverte pouvant être *de la plus grande utilité dans les voyages sur mer, dans les hôpitaux et l'économie domestique.*

N. B. Je recevrai, avec reconnaissance, les observations qui me seront faites sur mes procédés, et je m'empresserai de donner tous les renseignements que l'on pourrait encore désirer après la lecture de cet ouvrage; seulement je prie les personnes qui m'adresseront des lettres, de vouloir bien les affranchir.

LE MINISTRE DE L'INTÉRIEUR,

COMTE DE L'EMPIRE,

A M. APPERT,

PROPRIÉTAIRE A MASSY PRÈS PARIS.

~~~~~~~~~~~~~~~

Paris, 3o Janvier 1810.

DEUXIÈME DIVISION,

Bureau des Arts et Manufactures.

« Mon Bureau consultatif des Arts
» et Manufactures, m'a rendu compte,
» Monsieur, de l'examen qu'il a fait de
» vos procédés pour la conservation
» des fruits, légumes, viandes, bouil-
» lons, lait, *etc.*; d'après son rapport
» on ne saurait douter de la réalité de
» ces procédés. Comme la conservation
» des substances animales et végétales

» peut être de la plus grande utilité
» dans les voyages sur mer, dans les
» hôpitaux et l'économie domestique,
» j'ai pensé que votre découverte méri-
» tait un témoignage particulier de la
» bienveillance du Gouvernement. J'ai
» en conséquence accueilli la propo-
» sition qui m'a été faite par mon bu-
» reau consultatif, de vous accorder un
» encouragement de douze mille francs.
» En prenant cette décision, j'ai eu en
» vue, d'abord, de vous décerner la
» récompense due à ceux qui sont
» auteurs de procédés utiles ; ensuite
» de vous indemniser des dépenses que
» vous avez été obligé de faire, soit
» pour établir vos ateliers, soit pour
» vous livrer aux expériences néces-
» saires pour constater la réalité de vos
» moyens. Le chef de la division de
» comptabilité de mon ministère vous

» fera incessamment connaître le jour
» où vous pourrez vous présenter au
» trésor public pour y toucher les
» douze mille francs que je vous ai
» accordés.

» Il m'a paru, Monsieur, qu'il im-
» portait de répandre la connaissance
» de vos procédés pour la conservation
» des substances animales et végétales.
» Je désire donc que, conformément
» à la proposition que vous avez faite,
» vous rédigiez une description exacte
» et détaillée de ces procédés ; cette
» description que vous remettrez à
» mon bureau consultatif des Arts et
» manufactures, sera imprimée à vos
» frais, après qu'il l'aura examinée et
» revue. Vous m'en adresserez ensuite
» deux cents exemplaires. L'envoi de
» ces exemplaires étant la seule condi-
» tion que je mette au paiement des

» douze mille francs qui vous ont été
» accordés, je ne doute point que vous
» ne vous empressiez de la remplir. Je
» désire, Monsieur, que vous m'accu-
» siez la réception de ma lettre.

» Recevez l'assurance de mes
», sentiments distingués,

Signé MONTALIVET.

~~~~~~~~~~~~~~~~~~~~

BUREAU CONSULTATIF

DES ARTS ET MANUFACTURES.

Les soussignés, membres du Bureau
» Consultatif des Arts et Manufactures,
» près le ministre de l'intérieur, char-
» gés, par Son Excellence, d'examiner
» la description des procédés qu'em-
» ploie M. Appert pour la conserva-

» tion des subtances alimentaires, ont
» reconnu que les détails qu'elle ren-
» ferme, tant sur la manière d'opérer,
» que sur les résultats qu'on en obtient,
» sont exacts et conformes aux diverses
» expériences que le Sieur Appert a
» faites devant eux, par l'ordre de Son
» Excellence.

Paris, ce 19 avril 1810. BARDEL,
   GAY-LUSSAC, SCIPION-PERIER,
   MOLARD.

~~~~~~~~~~~~~~~~~~~~~~~~~~~

Copie d'une Lettre écrite au général
Caffarelli, Préfet maritine à Brest, par
le Conseil de santé, sous la date du
mois de Brumaire an 12.

« LES comestibles préparés selon le
» procédé du citoyen Appert, et en-
» voyés en ce port par le ministre de
» la marine, ont, après un séjour de

» trois mois sur la rade, présenté l'état
» suivant :

 » Le bouillon en bouteilles était bon ;
» le bouillon contenu avec un bouilli,
» dans un vase particulier, bon aussi,
» mais faible ; le bouilli lui-même très-
» mangeable.

 » Les fèves et petits pois, apprêtés
» l'un et l'autre au gras et au maigre,
» avaient toute la fraîcheur et la saveur
» agréable des légumes fraîchement
» cueillis.

Signé Dubreuil , Billard , Duret ,
Pichon et Thaumer.

Pour copie conforme,

Le Secrétaire du Conseil,

J. Miriel.

SOCIÉTÉ

D'ENCOURAGEMENT.

POUR L'INDUSTRIE NATIONALE.

~~~~~~~~~~~~~~~~

Paris, ce 7 avril 1809.

Le Secrétaire de la Société d'Encoura-
gement pour l'Industrie Nationale,

A M. APPERT, Propriétaire à Massy.

MONSIEUR,

J'ai le plaisir de vous transmettre une
copie du rapport fait à la Société d'Encouragement par MM. Guyton-Morveau,
Parmentier et Bouriat, sur vos conserves
de substances végétales et animales. On
ne peut rien ajouter au jugement que la
commission a porté sur votre découverte ;
elle annonce cependant qu'elle n'a pas été

à portée de faire des expériences assez rigoureuses ni assez long-temps suivies, pour pouvoir constater jusqu'à quel point les substances que vous préparez sont susceptibles de se conserver; mais ce qu'elle a observé par elle-même a suffi pour former son opinion déjà favorablement disposée par les témoignages nombreux et décisifs qui attestent vos succès.

La Société d'Encouragement croit servir la patrie et l'humanité, en publiant, avec les éloges qu'elle mérite, une découverte aussi généralement utile. Ses vœux seront accomplis, si son suffrage, en déterminant les consommateurs à faire usage de vos produits, peut contribuer à vous faire obtenir la juste récompense de vos travaux.

Agréez, Monsieur, l'assurance de la parfaite considération avec laquelle

J'ai l'honneur de vous saluer.

Math. MONTMORENCY, Secr.-Adj.

EXTRAIT

Du Procès-Verbal de la Séance du Conseil d'administration, du Mercredi 15 Mars 1809.

_____

Rapport fait, au nom d'une Commission, spéciale, par M. Bouriat, sur les substances végétales et animales conservées par M. Appert.

LE CONSEIL a renvoyé à une Commission, composée de MM. Guyton-Morveau, Parmentier et moi, l'examen des substances végétales et animales présentées par M. Appert, et conservées, d'après ses procédés, depuis plus de huit mois.

Ces substances sont :

1° Un pot-au-feu ;

2° Un consommé ;

b

3° Du lait ;

4° Du petit-lait ;

5° Des petits pois ;

6° Des petites fèves de marais ;

7° Des cerises ;

8° Des abricots ;

9° Du suc de groseilles ;

10° Des framboises.

Chacun de ces objets était contenu dans un vase de verre, hermétiquement fermé, ficelé avec du fil de fer, et goudronné. En procédant avec ordre à leur examen, le pot-au-feu a le premier fixé notre attention. Nous avons trouvé une gelée assez consistante qui entourait un morceau de bœuf et deux morceaux de volaille. En chauffant avec précaution le tout au degré convenable, on a trempé une soupe qui s'est trouvée bonne, et la viande, qui en avait été séparée, fort tendre et d'une saveur assez agréable.

Le consommé nous a paru excellent ; et, malgré qu'il fût préparé depuis près de

quinze mois, il n'y avait guère de différence à établir avec celui qu'on aurait fait
le jour même.

Le lait s'est trouvé d'une couleur jaunâ-
tre, imitant un peu celle du colostrum,
d'une densité plus forte que celle du lait
ordinaire, plus savoureux et plus sucré que
ce dernier ; avantage qu'il doit au degré de
concentration qu'on lui a fait éprouver. On
peut dire qu'un lait de cette espèce, quoique préparé depuis neuf mois, peut remplacer la majeure partie des crêmes qui se
vendent à Paris. *Ce qui paraîtra plus ex-
traordinaire, c'est que ce même lait, contenu dans une bouteille de chopine, qui a
été débouchée il y a un mois pour en prendre une partie, et rebouchée ensuite avec
peu de soin, s'est conservé presque sans
altération. Il a paru d'abord prendre un
peu de consistance, mais une simple agi-
tation a suffi pour lui redonner sa liqui-
dité ordinaire. Je le présente ici dans la
même bouteille, afin qu'on puisse se con-*

vaincre d'un fait que j'aurais eu de la peine à croire, s'il m'eût été annoncé avant d'en avoir acquis la preuve.

Le petit-lait, que nous avons examiné ensuite, a présenté des particularités presque aussi étonnantes ; sa transparence est la même que celle d'un petit-lait nouvellement préparé ; sa couleur est plus foncée, son goût plus sapide, et sa densité plus grande. Il s'est aussi altéré beaucoup moins vite, étant exposé à l'air au bout de quinze jours, puisqu'une bouteille, ouverte il y a un mois et demi, agitée à plusieurs reprises, et assez mal rebouchée, n'a commencé à perdre de sa transparence qu'au bout de quinze jours. Sa surface s'est recouverte, au bout d'un mois et plus, d'une moisissure assez épaisse, qui, étant séparée avec soin, l'a laissé jouissant encore de sa saveur de petit-lait.

Les petits pois et les fèves de marais, cuits avec l'attention que recommande M. Appert, ont présenté deux mets très-bons, que l'éloignement de la saison dans laquelle on les mange semblables paraît rendre encore plus agréables et plus savoureux.

Les cerises entières et les abricots coupés par quartiers, conservent une grande partie de la saveur qu'ils avaient au moment où on les a récoltés. Il est vrai que M. Appert est obligé de les cueillir un peu avant leur maturité parfaite, de crainte qu'ils ne se déforment trop dans les vases de verre où il les conserve.

Le suc de groseilles et les framboises nous ont paru jouir de presque toutes leurs propriétés ; on y a retrouvé l'arôme de la framboise parfaitement conservé, de même que l'acide légèrement aromatique de la groseille. Leur couleur seule avait diminué d'intensité.

Tels sont les résultats que nous ont présentés ces sortes de substances, qui toutes avaient été préparées, suivant M. Appert, depuis plus de huit mois, et plusieurs d'entre elles depuis un an et quinze mois, notamment le petit-lait. Nous avons dû nous en rapporter à lui pour les époques de leurs préparations, ne pouvant compter que deux mois depuis le moment où il en a fait le dépôt à la Société; mais ce laps de temps nous a suffi pour avoir une idée avantageuse de son procédé. Nous sommes d'autant plus fondés à croire ce qu'avance M. Appert, que des personnes dignes de foi se sont convaincues par elles-mêmes qu'il peut conserver plus d'une année de semblables substances. Cet artiste n'a remis au conseil, que comme échantillons, les objets dont je viens de parler; mais il en prépare un bien plus grand nombre d'espèces. Il n'a point communiqué les procédés qu'il emploie.

~~~~~~~~~~~~~~~~~

OBSERVATIONS.

L'art de conserver les substances végétales et animales dans le meilleur état possible, c'est-à-dire, qui se rapproche le plus

de celui où la nature nous les offre, a beaucoup occupé la pharmacie, la chimie et
la médecine. On a employé, pour y parvenir, différents moyens, tels que la dessiccation, les véhicules acides, alcooli-
ques, huileux, les substances sucrées, sa-
lines, etc.; mais il faut avouer que ces
moyens font perdre à plusieurs corps une
partie de leurs propriétés, ou les modifient
souvent, de manière qu'on ne reconnaît
plus leur arôme et leur saveur. Sous ce
point de vue, les procédés de M. Appert
nous paraissent préférables, si, sans avoir
recours à la dessiccation, il n'ajoute aucun
corps étranger à celui qu'il veut conserver.
Il y a tout lieu de croire que son moyen
est d'autant meilleur, que les substances
sur lesquelles il opère sont plus capables
d'éprouver, sans altération sensible, une
température assez élevée.

Plusieurs personnes, dont le mérite est
très-connu, ont été chargées par les pré-
fets, dans différents ports de mer, d'exa-

miner les préparations de M. Appert, Il
suffit de lire l'extrait des rapports faits par
ces personnes instruités, pour se convaincre
de la bonté des procédés de l'auteur.

A Brest, par exemple, la commission
nommée par M. le préfet maritime s'ex-
prime ainsi : « Il est démontré, par tout
» ce qui vient d'être dit, que toutes les
» substances alimentaires embarquées, au
» nombre de dix-huit, sur la *Station-*
» *naire*, depuis le 2 décembre 1806,
» débarquées le 13 avril 1807, et exami-
» nées par la commission *ad hoc*, sous la
» présidence d'un commissaire de marine
» près les hôpitaux, ne se sont point alté-
» rées pendant leur séjour à bord, et que
» l'état dans lequel on les a trouvées est
» celui qu'elles présentaient au premier exa-
» men fait au commencement du mois de
» décembre dernier.

» On peut ajouter que le procédé de

» M. Appert, pour la conservation des objets
» examinés, est suivi de tout le succès qu'il
» avait promis ; qu'avec quelques correc-
» tions qu'il regarde comme très-faciles,
» et en multipliant moins les vases, les vian-
» des, à bords des vaisseaux de Sa Majesté
» et autres bâtiments, offriraient de grands
» avantages. »

La commission nommée à Bordeaux par
M. le préfet du département dit positi-
vement :

« L'exposé que nous venons de vous faire,
» M. le préfet, sur les divers objets pré-
» parés par M. Appert, vous indiquera
» qu'ils étaient dans un état de conserva-
» tion parfaite; que les moyens employés
» ne tiennent point à l'addition de sub-
» stances étrangères ; que ces moyens sont
» fondés sur des procédés particuliers,
» trouvés ou perfectionnés par M. Appert,
» qui ne dénaturent nullement le goût ni le
» parfum des sujets qu'on y soumet. »

M. le contre-amiral Allemand a écrit une lettre à M. Appert, dont je joins ici copie.

« J'ai communiqué votre lettre, Monsieur,
» aux capitaines sous mes ordres, et leur
» ai fait goûter, avant-hier, les végétaux de
» toutes espèces que j'achetai de vous, il y
» a quatorze mois, et dont mon maître-
» d'hôtel avait oublié une caisse dans une
» soute. Comme on commence à se pro-
» curer des petits pois et des fèves, ils les
» crurent de la saison, tant ils étaient bien
» conservés. Ils veulent vous en acheter une
» grande provision, ainsi que des bouillons,
» viandes en bouteilles, et fruits. J'en pren-
» drai aussi beaucoup pour moi, quand la
» saison dans laquelle nous entrons sera
» passée.

» Je suis tellement persuadé, Monsieur,
» qu'il y aurait infiniment d'avantage à em-
» barquer de la sorte les rafraîchissements
» des malades, que, si S. Ex. le ministre de
» la marine et des colonies me faisait l'hon-

» neur de me demander mon avis, je ne
» balancerais pas à l'affirmer, autant pour
» l'intérêt du gouvernement et des malades,
» que pour le vôtre. Je le lui demanderai
» même au premier jour.

» Recevez l'assurance de ma haute con-
» sidération.–A bord du vaisseau impérial
» le *Majestueux*, en rade à l'île d'Aix, le 7
» mai 1807. »

Signé ALLEMAND.

Copie de la lettre de M. le vice-amiral
Martin, préfet maritime, à M. Appert,
à Brest.

« J'ai reçu, Monsieur, votre lettre du
» 27 avril dernier. Suivant vos désirs, j'ai
» adressé à S. Ex. le ministre de la marine
» et des colonies le procès-verbal de la vi-
» site des divers comestibles préparés d'a-
» près vos procédés.

» Je ne négligerai aucune occasion de
» faire connaître une découverte qui m'a
» paru aussi utile à l'Etat, qu'intéressante

» pour les marins. J'ai l'honneur de vous
» saluer. »

Le vice-amiral, préfet maritime,

Signé MARTIN.

Rochefort, le 22 mai 1807.

On voit, par ces rapports qui se trouvent presque conformes, quoique faits dans des villes éloignées les unes des autres, à des époques et par des personnes différentes, que les procédés de M. Appert sont aussi sûrs qu'utiles. Ils offrent un moyen de jouir, toute l'année, dans tout l'Empire, et de savourer à son aise les productions qui n'appartiennent qu'à une de ses parties, sans craindre de les recevoir altérées par le transport et l'éloignement de la saison qui les a vues naître. Déjà, sous ce seul rapport, l'avantage paraît grand ; aussi n'a-t-il pas échappé aux poëtes et littérateurs aimables qui chantent, pour s'égayer, les succès qu'obtient l'art de préparer les mets. M. Appert a reçu d'eux, plusieurs fois, les éloges les plus flatteurs et les plus mérités.

Les procédés de cet artiste ne sont pas
moins utiles à l'économie du sucre pour
les fruits, parce qu'ils conservent, sans son
secours, leurs sucs jusqu'au moment de les
consommer. Il suffit, à cette époque, d'y
ajouter un peu de sucre, pour les rendre
agréables, tandis qu'il en aurait fallu le
double pour les conserver, à l'aide de ce
condiment. On peut ajouter encore que
la saveur et l'arôme des substances sont
mieux conservés par les moyens de M. Appert, que par la décoction qui s'emploie
ordinairement pour les confire à l'aide du
sucre. Voilà deux avantages, dont l'un paraît bien grand, lorsqu'on examine la quantité prodigieuse de cette denrée coloniale qui
sert à conserver, chaque année, les sucs
et les fruits. L'établissement de M. Appert
n'a peut-être pas été assez apprécié par de
riches capitalistes qui auraient pu lui donner rapidement le degré d'extension désira-
rable, et qu'il ne prendra que successivement, si cet artiste est livré à ses propres
moyens.

Les succès qu'il a déjà obtenus augmentent son zèle, et lui font porter ses vues plus loin ; il promet de faire parvenir au-delà de la Ligne, sans être altérées, les productions agréables dont la nature a favorisé notre sol. Il veut par là multiplier les jouissances de l'Indien, du Mexicain, de l'Africain, comme celles du Lapon, et transporter en France, des pays les plus éloignés, une infinité de substances que nous désirerions avoir dans leur état naturel.

Déjà les essais qui ont été faits, à bord de quelques vaisseaux, prouvent que les malades d'un équipage se trouveront fort satisfaits des préparations de M. Appert, qui leur offrent la facilité de pouvoir se procurer, au besoin, de la viande et du bouillon de bonne qualité, du lait, des fruits acides, même des sucs anti-scorbutiques ; car M. Appert assure pouvoir conserver ces derniers.

Quant à l'embarcation de la viande nécessaire à tout un équipage, pour un voyage de long cours, il semble s'élever une légère difficulté, par la multiplicité des bouteilles qu'il faudrait avoir ; mais M. Appert trouvera sans doute les moyens de faire cesser cet inconvénient, par le choix de vases moins fragiles, et d'une capacité plus grande.

Telle est notre manière de penser sur les substances conservées par M. Appert et soumises à notre examen ; qu'elles se sont trouvées toutes de bonne qualité ; qu'on peut les employer sans aucune espèce d'inconvénient, et que la Société doit des éloges à l'auteur, pour avoir avancé à ce point l'art de conserver des substances végétales et animales. Nous nous plaisons ici à rendre hommage au zèle et au désintéressement qu'il a mis pour parvenir à son but.

Lorsque les relations commerciales seront plus faciles, M. Appert n'aura besoin que de son talent et de sa persévérance pour établir une branche de commerce qui lui sera utile ainsi qu'à son pays ; mais, dans ce moment, ses concitoyens ne peuvent mieux récompenser ses travaux qu'en employant les produits de sa manufacture.

Nota. M. Appert désire conserver des relations avec la Société, pour l'instruire du résultat des nouveaux travaux auxquels il va se livrer d'après l'invitation de vos Commissaires.

Le Conseil partageant l'avis de la Commission, adopte le présent rapport et ses conclusions, et arrête qu'il sera inséré au Bulletin de la Société.

Signé à la minute ,

GUYTON-MORVEAU , PARMEN-TIER et BOURIAT.

Pour copie conforme : .

Math. MONTMORENCY , *Secr.-Adj.*

L'ART

DE CONSERVER

LES SUBSTANCES ANIMALES ET VÉGÉTALES.

Tous les moyens imaginés jusqu'ici pour conserver les substances alimentaires ou médicamenteuses, se réduisent à deux méthodes principales, l'une où l'on emploie la dessiccation, l'autre où l'on ajoute en plus ou en moins grande quantité une substance étrangère propre à empêcher la fermentation et la putréfaction. C'est en suivant la première de ces méthodes qu'on obtient des légumes et des fruits desséchés, des viandes fumées ou boucanées, des poissons saures. Par la seconde on obtient des fruits et autres portions de végétaux confits au sucre, des sucs et décoctions de plantes réduites en sirops et en extraits ; des légumes, fruits et boutons confits au vinaigre, des viandes, des herbes et des légumes salés ; mais tous ces

1

moyens entraînent plus ou moins d'inconvénients. La dessiccation enlève l'arôme,
change le goût des sucs, et racornit la matière fibreuse ou le parenchyme. Le sucre,
quelle que soit sa saveur, par cela même
qu'il est très-sapide, masque et détruit en
partie les autres saveurs, celle-là même
dont on désire conserver la jouissance; telle
est l'acidité agréable de beaucoup de fruits.
Un second inconvénient, c'est qu'il faut
beaucoup de sucre pour conserver une petite quantité d'une autre matière végétale;
et sous ce rapport son emploi n'est pas
seulement très-dispendieux, mais encore
il est nuisible dans bien des cas. C'est ainsi
que tels sucs de plantes ne peuvent être
réduits en sirops ou extraits qu'au moyen
d'une quantité presque double de sucre; il
en résulte que ces sirops ou extraits con-
tiennent beaucoup plus de sucre que de
substance médicamenteuse, et que le plus
souvent le sucre nuit au malade et à l'action du médicament.

Le sel porte dans les substances une âcreté désagréable, y durcit la fibre animale, et la rend indigeste (1); il resserre le parenchyme végétal. D'un autre côté, comme il est indispensable d'enlever au moyen de l'eau la majeure partie du sel employé, presque tous les principes solubles dans

---

« (1) Les viandes salées, dont les équipages se nourrissent, paraissent être une des principales causes du scorbut; il semble que les même raisons qui font que les sels empêchent la fermentation des viandes, les rendent de difficile digestion. Quoiqu'une petite quantité de sel pût faire un obstacle à la putréfaction, l'usage trop abondant et trop continuel que l'on en fait, doit causer des embarras dans les plus petits vaisseaux, et ces embarras ne peuvent manquer de fatiguer l'estomac de gens qui ont à digérer des légumes secs, et du biscuit que les matelots âgés ne peuvent mâcher parfaitement. Les mauvaises digestions et l'obstruction des petits vaisseaux, peuvent occasionner les ulcères de la bouche et les taches qui dénotent le scorbut, *etc.* »

(*Santé des Marins, par Duhamel, pag.* 64.)

l'eau froide se trouvent perdus, lorsqu'on dessale; il ne reste plus que la matière fibreuse ou parenchymateuse, qui, comme on l'a dit, est encore altérée.

Le vinaigre ne peut guères servir qu'à la préparation de quelques objets comme assaisonnement.

Je n'entrerai dans aucuns détails sur tout ce qui a été dit et publié sur l'art de conserver les substances alimentaires, ces ouvrages sont connus. J'observerai seulement qu'il n'est pas à ma connaissance qu'aucun auteur ancien ni moderne ait indiqué ni même fait soupçonner le principe qui fait la base de la méthode que je propose.

On sait combien depuis quelque temps, à Paris et dans les départements, l'attention publique se porte vers les moyens de diminuer la consommation du sucre en y suppléant par divers extraits des substances indigènes. Le gouvernement, dont les vues philantropiques s'étendent sur tous les objets utiles, ne cesse d'inviter ceux qui s'occupent des arts et des sciences, à chercher les moyens de tirer le parti le plus avantageux des productions de notre sol, et de donner le plus grand développement à l'agriculture et à nos manufactures, afin de diminuer la consommation des marchandises étrangères. Pour concourir au même but, la Société d'encouragement pour l'industrie nationale excite par des récompenses flatteuses tous ceux dont les talents et les efforts sont dirigés vers des découvertes, desquelles la nation et l'humanité peuvent tirer des avantages réels. Animée d'un zèle si louable, la Société d'agriculture, par son arrêté du 21 juin 1809 et sa circulaire du 15 juillet suivant, fait un appel général pour obtenir des renseignements et des lumières qui puissent servir à la composition d'un ouvrage sur l'art de conserver, par les meilleurs moyens possibles, toutes les substances alimentaires.

C'est après des invitations aussi respectables que je me suis décidé à publier une

méthode facile à mettre en pratique, et surtout peu coûteuse dans l'exécution, méthode, qui, par l'extension dont elle est
susceptible, peut présenter de nombreux
avantages à la société.

Cette méthode n'est point une vaine théorie ; elle est le fruit de mes veilles, de mes
méditations, de recherches et de nombreu-
ses expériences, dont les résultats, depuis
plus de dix ans, ont produit un tel étonnement, que malgré l'évidence acquise par
l'usage répété, de comestibles conservés
deux, trois et six ans, beaucoup de personnes n'y croient pas encore.

Elevé dans l'art de préparer et conserver
par les procédés connus les productions
alimentaires ; ayant vécu, soit dans les of-
fices, dans les brasseries, dans les celliers
et les caves de la Champagne, ainsi que
dans les fabriques de confiseurs, distilla-
teurs, et dans les magasins d'épiceries ;
habitué à surveiller et à conduire des éta-
blissements de ce genre depuis quarante-

cinq ans, j'ai pu me rendre un compte fidèle de mes opérations, au moyen d'une foule d'avantages que n'ont pu se procurer le plus grand nombre de ceux qui se sont occupés de l'art de conserver les aliments.

Je dois à mes expériences et surtout à une longue persévérance, de m'être convaincu, 1° que la matière du feu a la propriété à elle seule, non-seulement de changer la combinaison des parties constituantes des productions végétales et animales, mais encore celle, sinon de détruire, au moins d'arrêter pour plusieurs années, l'effet de la tendance naturelle de ces mêmes productions à la décomposition ; 2° que son application d'une manière convenable à toutes ces productions, après les avoir privées le plus rigoureusement possible du contact de l'air, opère la parfaite conservation de ces mêmes productions avec toutes leurs qualités naturelles.

Avant d'entrer dans les détails d'exécution de mon procédé, je dois dire qu'il consiste principalement,

1° A renfermer dans des bouteilles ou bocaux les substances que l'on veut conserver ;

2° A boucher ces différents vases avec la plus grande attention ; car c'est principalement de l'opération du bouchage que dépend le succès ;

3° A soumettre ces substances, ainsi renfermées, à l'action de l'eau bouillante d'un bain-marie, pendant plus ou moins de temps, selon leur nature, et de la manière que je l'indiquerai pour chaque espèce de comestible ;

4° A retirer les bouteilles du bain-marie au temps prescrit.

Description des Ateliers que j'ai établis pour l'exécution en grand de mon procédé (1).

Mon laboratoire se compose de quatre pièces ou ateliers. La première meublée d'une batterie de cuisine, de fourneaux et des appareils nécessaires à préparer toutes les substances animales destinées à être conservées, ainsi que d'une marmite pour les consommés, de trente weltes de capacité, montée en maçonnerie. Cette marmite est garnie d'une double marmite percée de petits trous comme une écumoire, avec compartiments destinés à recevoir les viandes et volailles, qui s'introduit dans la pre-

---

(1) On conçoit que pour l'usage particulier des ménages et pour les petites opérations, il n'est pas nécessaire d'établir des ateliers; il suffit des vases et autres ustensiles qui se trouvent partout où les bonnes ménagères s'occupent de leurs provisions d'hiver, pour opérer d'après ma méthode.

mière, et se retire à volonté avec toutes les viandes. La première est armée d'un fort robinet, auquel est adaptée, dans l'intérieur de la marmite, une petite pomme comme celle d'un arrosoir, recouverte d'un morceau d'étamine. Par ce moyen j'obtiens le bouillon ou consommé, clair et tout prêt à mettre en bouteilles.

La seconde pièce est destinée pour préparer le lait, la crème et le petit-lait.

La troisième pour boucher, ficeler et mettre en sacs les bouteilles et autres vases.

La quatrième est meublée de trois grandes chaudières en cuivre, montées sur des fourneaux en maçonnerie. Ces chaudières sont munies chacune d'un fort couvercle assez juste pour entrer dans l'intérieur et poser sur les vases. Chaque chaudière est armée d'un fort robinet au bas, pour lâcher l'eau à temps utile ; ces vaisseaux reçoivent généralement tous les objets que je destine à être conservés, pour leur appliquer d'une

manière convenable l'action du calorique
au bain-marie (1).

_____/_____

(2) Si dans les grandes opérations il est nécessaire
d'avoir de vastes chaudières armées de forts robi-
nets, c'est qu'il serait trop long de laisser refroidir
un tel volume d'eau, restant toujours sur un four-
neau échauffé, et que d'un autre côté la chaleur
appliquée trop long-temps aux substances, leur
ferait beaucoup de tort. On pourra donc se servir
sans inconvénient, dans les petites opérations et
dans les ménages, du premier chaudron ou vase
de terre pour les bains-marie, pourvu que les bouteilles puissent baigner jusqu'à la cordeline,(ou
bague); on peut même, à défaut d'un vase assez
haut, coucher les bouteilles dans le bain-marie,
avec la précaution de les y bien emballer pour
éviter la casse. Plusieurs opérations de cette manière
m'ont très-bien réussi. Les bouchons se fatiguent un
peu plus à l'extérieur ; mais lorsque les bouteilles sont
bien bouchées, il n'y a rien à craindre. Par exemple,
il ne conviendrait pas d'y coucher ainsi les vases
bouchés de bouchons de plusieurs pièces, parce que
ces sortes de bouchons sont plus tourmentés par
l'action du feu, et quelque bien bouché que pour-

Les ustensiles qui meublent la troisième pièce pour les procédés préparatoires, se composent, 1° de rayons de planches à bouteilles dans le pourtour ;

2° D'un dévidoir pour le fil de fer destiné à ficeler les bouteilles et autres vases. (*fig.* 1re.)

3° De cisailles et de pinces pour ficeler. (*fig.* 6e.)

4° D'un petit tour pour tordre le fil de fer, lorsqu'il est dévidé et coupé de longueur. (*fig.* 2e.)

5° De deux mâchoirs à levier pour mâcher les bouchons. (*fig.* 3e.)

6° D'un casse-bouteilles ou billot monté

---

rait être le vase, il serait imprudent de l'exposer.

Les petits bains-marie sont d'autant plus commodes, qu'ils se placent partout et se déplacent à volonté ; ils refroidissent promptement, et lorsqu'on peut y tenir la main, on en retire les bouteilles, et l'opération est ainsi terminée.

sur trois pieds , garni d'une forte palette pour boucher. (*fig.* 5°.)

7° D'un tabouret monté sur cinq pieds pour ficeler. (*fig.* 4°.)

8° D'une quantité suffisante de sacs de treillis pour envelopper les bouteilles et autres vases.

9° De deux tabourets couverts de cuir, rembourrés de foin, pour tasser ceux d'entre les objets renfermés dans les vases qui ont besoin de l'être.

10° D'une presse , pour les sucs de plantes , de fruits , d'herbes et le moût de raisin, avec les terrines , vases, tamis et tout ce qui y est nécessaire.

En outre de ce laboratoire ainsi composé, j'ai établi trois ateliers ; le premier , pour faire préparer les légumes ; il est garni de tables au pourtour.

Le second , distribué en fruitier, pour recevoir et préparer tous les fruits.

Le troisième est un cellier garni de planches à bouteilles, pour rincer, resserrer les bouteilles et autres vases en magasin.

J'ai la précaution de faire à l'avance rincer les bouteilles et les vases dont je prévois avoir besoin. Je me procure un assortiment de bouchons que je fais mâcher, ainsi que du fil de fer que je fais disposer; lorsque tout est ainsi préparé, les opérations sont à moitié faites.

Le principe conservateur de toutes les substances alimentaires, est invariable dans ses effets; les résultats dépendent seuls de son application d'une manière convenable à chacune d'elles, suivant leur nature, avec la privation de l'air. Cette dernière précaution est de la plus grande rigueur pour parvenir à la parfaite conservation. Un sûr moyen de priver les substances alimentaires du contact de l'air, c'est d'avoir une parfaite connaissance des bouteilles et des vases qu'on emploie, des bouchons et de la manière de bien boucher.

Des bouteilles et des vases.

J'ai fait choix du verre, comme étant la
matière la plus imperméable à l'air. Je n'ai
hasardé aucun essai avec d'autres matières.
Les bouteilles ordinaires ont généralement
des embouchures trop petites et mal faites;
elles sont trop faibles d'ailleurs pour résister
sous la palette, et à l'action du feu. J'ai
donc fait faire des bouteilles exprès, ayant
des embouchures plus grandes avec étran-
glement, c'est-à-dire avec un petit filet
saillant dans l'intérieur de l'embouchure
au-dessous de la cordeline (ou bague).
Mon but était que le bouchon introduit de
force sur le casse-bouteilles dont j'ai parlé,
à l'aide de la palette, jusqu'aux trois quarts
de sa longueur, fût étranglé par le milieu.
De cette manière la bouteille se trouve parfaitement bouchée à l'extérieur de même
qu'à l'intérieur. Elle oppose ainsi un obstacle à la dilatation qu'opère l'application du
calorique aux substances renfermées dans

la bouteille. Cette manière de boucher est d'autant plus indispensable, que j'ai observé plusieurs fois que la dilatation était si forte dans cette circonstance, qu'elle repoussait dehors des bouchons de deux, trois et quatre lignes, quoique maintenus de deux fils de fer en croix. Les bouteilles et vases doivent être de matière liante, les premières du poids de vingt-cinq à vingt-six onces pour un litre de capacité, dont le verre soit réparti également ; autrement elles cassent au bain-marie à l'endroit le plus chargé de matière. La forme de Champagne est celle qui convient le mieux, elle est la plus belle et celle qui s'arrange et résiste mieux que toutes les autres.

Des bouchons.

C'est généralement une économie bien mal entendue que celle de 20 et même de 40 sols sur un cent de bouchons, parce qu'à l'appât de 2 centimes que vous croyez gagner sur un bouchon, vous sacrifiez souvent

par cette lésinerie une bouteille de 20 , 30 s,
et même de 3 liv. et plus. On bouche pour
conserver et améliorer l'objet bouché en le
privant du contact de l'air ; on ne peut donc
faire trop d'attention à la bonne qualité des
bouchons , qui doivent être de dix-huit à
vingt lignes de longueur, et du liége le plus
fin ; ce sont véritablement les plus écono-
miques. L'expérience m'a tellement prouvé
cette vérité, que je ne me sers que de bouchons superfins pour toutes mes opérations.
Je prends encore la précaution de mâcher
chaque bouchon aux trois quarts de sa longueur, en commençant par le bout le plus
petit, par le moyen du mâchoir (*fig.* 34); en
comprimant ainsi le bouchon, le liége devient
plus souple, les pores du liége se rapprochent; le bouchon s'allonge un peu, et dimi-
nue de grosseur à l'extrémité qui doit entrer
dans l'embouchure de la bouteille , de sorte
qu'un gros bouchon peut entrer dans une
embouchure moyenne. L'action du calorique dans le vase ainsi clos , est telle que

le bouchon grossit dans l'intérieur du vase,
et opère le parfait bouchage.

Du bouchage.

D'après ce qui vient d'être dit, on conçoit la nécessité absolue d'avoir de bonnes
bouteilles, dont la matière soit répartie
également avec un petit filet saillant dans
l'intérieur de l'embouchure. Il faut aussi
d'excellents bouchons superfins, passés au
mâchoir, aux trois quarts de leur longueur.
Avant de boucher, je fais attention que les
bouteilles contenant des liquides ne soient
pleines qu'à trois pouces de la cordeline
(ou bague), afin d'éviter la casse qui serait
la suite nécessaire du gonflement produit
par l'application de la chaleur au bain-
marie, si les bouteilles étaient trop pleines.
Quant aux légumes, aux fruits, aux plantes, etc., deux pouces de la bague ou cordeline, suffisent. Je pose la bouteille pleine
sur le casse-bouteille déjà cité, devant lequel je suis assis. Cet appareil doit être garni

d'une forte palette en bois, d'un petit pot
plein d'eau, et d'un couteau bien affilé,
graissé d'un peu de suif ou de savon pour
couper les têtes de bouchons, qui doivent
rarement se trouver trop hauts à l'extérieur
de la bouteille. Les choses ainsi disposées, j'approche le casse-bouteille entre
mes jambes; je présente à ma bouteille le
bouchon qui lui convient; après l'avoir
trempé à moitié dans le petit pot d'eau,
pour qu'il entre plus facilement, et en avoir
essuyé le bout, je l'appuie en tournant
contre l'embouchure; je le soutiens dans
cette position de la main gauche, que je
tiens ferme pour que la bouteille soit d'a-
plomb. Je prends la palette de la main
droite pour introduire le bouchon de force.
Lorsque je sens au premier ou second coup
de palette, que le bouchon est un peu entré,
je le quitte pour prendre de la même main
le col de la bouteille, que je tiens ferme et
d'aplomb sur le casse-bouteille, et à coups
de palette redoublés, je continue d'intro-

duire mon bouchon jusqu'aux trois quarts de sa longueur. Le quart du bouchon qui doit toujours excéder la bouteille, après avoir résisté aux coups redoublés de la palette, m'assure d'une part que le vase est parfaitement bouché, et de l'autre cette excédant est nécessaire pour appuyer mon bouchon de deux fils de fer en croix ou de deux ficelles, pour le maintenir contré la compression qu'il éprouve au bain-marie. On ne peut faire trop d'attention pour parvenir à bien-boucher; aucuns petits soins ne doivent être négligés, pour que la substance qu'on veut conserver soit privée rigoureusement du contact de l'air, puisque c'est l'agent destructeur le plus à craindre (1).

––––––––––––––––––

(1) Beaucoup de personnes croyent avoir bien bouché, lorsqu'elles ont introduit le bouchon jusqu'au ras de l'embouchure de la bouteille, mais c'est tout le contraire; règle générale, lorsque le bouchon ne résiste pas aux coups redoublés d'une forte pa-

Les bouteilles ainsi bien bouchées, j'assure encore, comme je viens de le dire,

---

lette, et qu'il s'introduit totalement dans la bouteille , il est toujours prudent de le retirer pour
en substituer un autre plus convenable. Ainsi
croire qu'une bouteille bouchée trop bas est bien
bouchée parce qu'elle ne fuit pas en la renversant,
c'est une erreur qui , jointe à la mauvaise qualité.
des bouchons qu'on emploie, cause bien des avaries
Celui qui bouche avec attention s'assure du bon
bouchage par la résistance du bouchon aux coups
de la palette, et il ne s'avise jamais de renverser sa
bouteille. D'ailleurs il n'est besoin que de réfléchir
aux piqûres qui se rencontrent dans le liége , et à
tous les défauts cachés qui peuvent exister dans l'intérieur des bouchons même les plus fins , défauts
à travers lesquels peut s'introduire l'air, pour
sentir la nécessité indispensable de ne se servir que
des meilleurs bouchons possibles , après les avoir
bien passés au mâchoir, et de boucher assez fort
pour que les bouchons soient étranglés par le milieu ,
afin d'éviter une infinité d'avaries qui n'ont d'autre
cause que le mauvais bouchage; car si une bouteille ne fuit pas au moment où vous venez de la

les bouchons de deux fils de fer en croix
(ce qui est très-facile, il suffit de l'avoir
vu faire une fois). Ensuite je mets chaque
bouteille dans un sac de treillis ou de grosse
toile, fait exprès, assez grand pour l'envelopper toute entière jusqu'au bouchon.
Ces sacs sont faits comme un manchon, ou-
verts également par les deux bouts, l'un
desquels est froncé par une coulisse et un
cordon, qui ne laisse d'ouverture que de
la largeur d'une pièce de cinq francs. L'autre bout est garni de deux ficelles pour
tenir le sac autour du col de la bouteille.
Au moyen de ces sacs, je suis dispensé de
me servir de foin ou de paille pour emballer les bouteilles dans le bain-marie, et

---

boucher avec peu de soin, c'est que l'air n'a pas
encore eu le temps de pénétrer par les défauts qui
peuvent exister dans votre bouchon ; mais aussi,
à l'usage, combien de variété dans la qualité d'un
vin tiré d'une même pièce ! combien de bouteilles
plus ou moins en vidange ! *etc.*

lorsqu'il s'en casse dans l'opération, ce qui arrive quelquefois, les tessons des bouteilles cassées restent dans le sac. J'évite ainsi une infinité d'embarras et de petits accidents qu'on éprouve en ramassant les éclats de bouteilles confondus dans la paille ou le foin, dont je me servais autrefois.

Après avoir parlé des bouteilles, de leur forme, de leur qualité, des bouchons, de la longueur du liége fin dont ils doivent être composés, de la manière de bien boucher, ainsi que celle de ficeler, des sacs, de leur forme et de leur utilité, je vais donner une idée des vases à grandes embouchures, c'est-à-dire des bocaux en verre qui me servent à mettre les gros objets pour les conserver, tels que viandes, volailles, gibier, poissons, œufs, etc., qui ont des embouchures de deux, trois et quatre pouces de diamètre et plus, avec plus ou moins de capacité. Ces bocaux sont, comme les bouteilles, garnis d'une cordeline (ou hague), non-seulement pour renforcer l'embouchure, mais encore pour recevoir le fil de fer destiné à contenir les bouchons. Je n'ai pu encore obtenir des verreries, un petit filet saillant dans l'intérieur de l'embouchure comme aux bouteilles. Le bouchage de ces vases est devenu par ce défaut plus difficile, et demande des soins particuliers. Le liége en planche trop mince, surtout dans le très-fin, et à contre-sens par ses pores ascendants, apportait encore un autre obstacle. Il m'a fallu composer des bouchons de trois, quatre et cinq morceaux de liége de vingt à vingt-quatre lignes de hauteur, collés du bon sens, c'est-à-dire les pores du liége placés horizontalement, avec de la colle de poisson, préparés de la manière suivante:

J'ai fait fondre quatre gros de colle de poisson bien battue, dans huit onces d'eau, sur le feu; lorsqu'elle a été fondue, je l'ai passée à travers un linge fin; ensuite je l'ai remise sur le feu pour la réduire à un tiers de son volume, après quoi j'ai ajouté une once de bonne eau-de-vie, portant vingt-

deux degrés. J'ai laissé le tout sur le feu
jusqu'à réduction à trois onces environ ; j'ai
mis cette colle ainsi préparée, dans un petit
pot sur des cendres chaudes ; j'ai eu soin de
faire chauffer mes morceaux de liége ; ensuite
avec un pinceau j'ai enduit légèrement mes
morceaux pour les coller ensemble ; lorsque
tous les morceaux composant le bouchon
ont été réunis et bien collés ensemble, j'ai
passé une ficelle aux deux extrémités du
bouchon, bien serrée pour maintenir tous
les morceaux et les laisser sécher, soit au
soleil ou à une chaleur douce pendant environ quinze jours. Au bout de ce temps,
j'ai, avec un couteau de bouchonnier,
donné la forme convenable à mes bouchons,
et les ai coupés très-juste pour chaque embouchure ; ils m'ont très-bien réussi. Après
avoir bouché mes bocaux et fait entrer de
force les bouchons à l'aide de la palette et
toujours d'aplomb sur le casse-bouteille,
je me suis servi d'un *lut* composé. Ce *lut*,
communiqué par M. Bardel, se fait avec

de la chaux vive qu'on fait éteindre à l'air
en l'aspergeant d'un peu d'eau jusqu'à ce
qu'elle soit bien fusée et réduite en poudre.
On la conserve ainsi dans des bouteilles ou
vases bouchés pour s'en servir au besoin.
Cette chaux, mêlée à du fromage blanc,
dit *à la pie* en consistance de pâte, produit un *lut* qui durcit promptement, et qui
résiste à la chaleur de l'eau bouillante. De
ce lut j'ai enduit tout le bouchon à l'extérieur, et j'ai garni le bord des bocaux de
chanvre et de bandelettes de toile, par
dessus, bien appuyées contre le bouchon,
et en descendant jusqu'à la cordeline (ou
la bague.) Ensuite, afin que les fils de fer
puissent prendre avec assez de force pour
maintenir le bouchon, j'ai mis un morceau
de liége de sept à huit lignes de haut, de
seize à dix-huit de diamètre, au milieu du
grand bouchon trop large et sur lequel le
fil de fer devenait de nul effet. Au moyen
de ce second bouchon ainsi appliqué au
milieu du grand, je suis parvenu à faire pren-

dre le fil de fer de force, et à donner la solidité convenable aux bouchons.

Lorsque tout est prévu et préparé, bien bouché surtout, ficelé et enveloppé dans les sacs, il n'y a plus que l'application du principe conservateur à donner à toutes les substances ainsi disposées. C'est ce qui reste de plus facile à faire.

Je range tous les vases ou bouteilles debout dans une chaudière. Ensuite je l'emplis d'eau fraîche, de manière que les vases y baignent jusqu'à la cordeline (ou bague). Je couvre la chaudière de son couvercle, lequel je fais poser sur les vases; j'entoure le dessus du couvercle d'un linge mouillé, afin de fermer toutes les issues, et empêcher l'évaporation du bain-marie le plus possible. Aussitôt la chaudière ainsi disposée, je mets le feu dessous; lorsque le bain-marie est au bouillon, ou à l'ébullition, je continue ce même degré de chaleur plus ou moins de temps, suivant la nature des objets qu'il contient. Le temps révolu, je

retire bien exactement le feu dans un étouffoir. Un quart d'heure après le feu retiré,
je lâche l'eau du bain-marie par le robinet;
une demi-heure après l'eau retirée, je dé-
couvre la chaudière; je n'en sors les bouteilles ou vases, qu'une heure ou deux
après l'ouverture, et mon opération est
ainsi terminée. Le lendemain ou quinze
jours après (cela est indifférent), je range
mes bouteilles sur des lattes, comme le vin,
dans un endroit tempéré et à l'ombre; si
je me propose de les expédier au loin, j'ai
soin de les goudronner avant de les disposer sur les lattes, autrement cette dernière
opération n'est pas de rigueur; j'ai encore
des bouteilles couchées sous un escalier
depuis trois ans, dont les substances ont
autant de saveur, que si elles venaient d'être
préparées, et cependant elles n'ont pas été
goudronnées.

On vient de voir par tout ce qui précède,
que toutes les substances alimentaires qu'on
veut conserver, doivent être soumises, sans

exception, à l'application de la chaleur au bain-marie d'une manière convenable à chacune d'elles, après avoir été privées rigoureusement du contact de l'air, par les soins et les procédés que j'ai indiqués.

Le principe conservateur est invariable dans ses effets, comme je l'ai déjà observé. Ainsi toutes les avaries que j'ai éprouvées dans mes opérations, n'avaient d'autre cause que celle d'une mauvaise application du principe, ou d'oubli et de négligence dans les procédés préparatoires, d'après le compte que je m'en suis rendu. Il m'arrive encore quelquefois de ne pas réussir complètement dans toutes mes opérations; mais quel est l'artiste qui ne s'est jamais trompé ? Peut-on se flatter d'éviter constamment une avarie qui peut être causée par un défaut existant soit dans un vase, soit dans l'intérieur d'un bouchon? etc. A la vérité, ces cas sont extrêmement rares, lorsqu'on y fait attention.

Moyens de distinguer , au sortir de la chaudière , les bouteilles ou vases qui, en raison de quelque accident causé ou par l'action du feu , ou par peu d'attention dans les procédés préparatoires , risqueraient de s'avarier.

Chaque opération terminée, n'importe de quelle espèce, j'ai le plus grand soin d'examiner, en sortant de la chaudière, toutes les bouteilles l'une après l'autre avec la plus grande attention.

J'en ai remarqué, avec des défauts dans le verre, comme des étoiles, des fêlures, occasionnées par l'action du calorique au bain-marie, ou par le ficelage, lorsque l'embouchure du vase est trop faible; d'autres qui annonçaient par un peu d'humidité autour du bouchon, ou par de petites taches à l'embouchure, que l'objet renfermé avait filtré au-dehors au moment de la dilatation qu'opère l'application de la chaleur au bain-marie; voilà les deux remarques principales que j'ai faites ; aussitôt que j'ai reconnu quelques bouteilles avec ces défauts, comme j'étais sûr qu'elles ne se conserveráient pas, je les ai mises de côté pour en faire usage de suite, afin qu'il n'y eût rien de perdu.

La première cause d'avarie que je viens de signaler, tient à la qualité et à la mauvaise confection des bouteilles ; mais la seconde peut provenir, 1º d'un mauvais bouchon ; 2º d'avoir mal bouché ; 3º d'avoir trop empli la bouteille ; 4º enfin, de l'avoir mal ficelée, etc. Une seule de ces fautes suffit pour perdre une bouteille, à plus forte raison lorsqu'il y a complication.

Dans l'application de la chaleur au bain-marie, j'ai rencontré bien des obstacles, particulièrement pour les petits pois ; car c'est de toutes les substances la plus difficile à conserver parfaitement. Ce légume cueilli trop tendre ou trop fin, fond en eau ; la bouteille se trouve en vidange de moitié, et cette moitié n'est pas même propre à être gardée (lorsque j'en trouve par hasard dans ce cas, j'ai le soin de les mettre de côté pour en faire usage de suite). Si les petits pois sont cueillis de deux ou trois jours par la chaleur, ils ont perdu toute leur saveur ; ils durcissent , ils entrent en fermentation avant l'opération ; les bouteilles cassent avec détonation au bain-marie ; celles qui résistent cassent successivement , ou sont défectueuses , ce qui se reconnaît facilement par le suc qui se trouve dans la bouteille, lequel est trouble, au lieu que les petits pois bien conservés ont leur suc limpide.

Il n'est pas besoin de recommander la célérité et la plus grande propreté dans les préparations des substances alimentaires ; elle est de rigueur, surtout pour les objets que l'on destine à être conservés.

Je fais à l'avance toutes les dispositions nécessaires pour que rien ne reste en retard , et que tout le temps soit mis à profit.

*Descripition des procédés qui constituent
ma méthode ; son application spéciale
et particulière à chacune des substances
que l'on veut conserver.*

POT-AU-FEU DE MÉNAGE.

J'ai mis un pot-au-feu à l'ordinaire ; lorsque
la viande a été aux trois quarts cuite, j'en ai retiré moitié que j'avais désossée pour la conserver. Le pot-au-feu fait, j'en ai passé le
bouillon ; après qu'il a été refroidi, je l'ai mis
dans des bouteilles que j'ai bien bouchées,
ficelées, et enveloppées chacune dans un
sac. Le bœuf que j'avais retiré aux trois
quarts cuit, a été mis en bocaux baignant
dans partie du même bouillon. Après les
avoir bien bouchés, lutés, ficelés et mis
en sacs, je les ai rangés avec les bouteilles
contenant le bouillon, debout dans une chaudière ; j'ai empli cette chaudière d'eau
froide, de manière que les bouteilles et les
bocaux baignassent jusqu'à la cordeline

3

(ou bague). J'ai mis le couvercle sur la chaudière, le faisant poser sur les vases, et ayant eu soin de l'entourer de linge mouillé, afin de boucher toutes les issues, et empêcher le plus possible l'évaporation du bain-marie ; j'ai mis le feu sous la chaudière ; lorsque le bain-marie a été en ébullition ou au bouillon, j'ai entretenu le même degré de chaleur pendant une heure, après quoi, j'ai retiré le feu bien exactement dans un étouffoir. Une demi-heure après j'ai lâché l'eau du bain-marie par le robinet qui se trouve au bas de la chaudière ; j'ai découvert cette chaudière au bout d'une autre demi-heure ; une heure ou deux après l'ouverture de la chaudière (le temps n'y fait rien, cela dépend du plus ou moins de besoin qu'on peut avoir de cette chaudière), j'en ai retiré les bouteilles et les bocaux, dont j'ai goudronné les bouchons le lendemain avec du galipot, pour les expédier dans divers ports de mer. Au bout d'un an et dix-huit mois, le bouillon et le bouilli ont été trouvés aussi bons que faits du jour même.

CONSOMMÉ.

En l'an 12, ayant l'espoir de fournir les rafraîchissements des malades à bord des vaisseaux de *Sa Majesté*, d'après diverses expériences déjà faites dans les ports de mer par les ordres de *S. Exc. le ministre de la marine et des colonies*, sur des productions alimentaires conservées par ma méthode, je fis les dispositions nécessaires pour pouvoir répondre aux demandes sur lesquelles j'avais lieu de compter. En conséquence , pour moins multiplier les vases, et pouvoir renfermer dans une bouteille de litre huit bouillons, je fis l'expérience suivante. Comme généralement l'évaporation ne peut se faire qu'aux dépens de l'objet qu'on veut rapprocher (1), j'ai disposé un consommé

_____

(1) Les gelées , les essences de viande, les fonds de glaces et les tablettes à bouillon , qu'on obtient des

foncé de deux livres de bonne viande et volaille par litre. Mon consommé étant fait, passé et rafraîchi, je le mis en bouteilles. Après l'avoir bien bouché, ficelé et mis en sacs, je le plaçai dans la chaudière. J'avais retiré au quart cuits les meilleurs morceaux de bœuf et de volaille. Après que ces objets ont été refroidis, je les ai mis dans des bocaux. J'ai recouvert ces viandes du même consommé. Après avoir bien bouché, luté, ficelé et mis en sacs ces bocaux, je les ai rangés debout dans la même chaudière, avec les bouteilles de consommé. Après avoir empli la chaudière d'eau froide jusqu'à la cordeline (o à la bague) des vases, et avoir couvert et garni le couvercle d'un linge

---

parties molles et blanches des animaux, conservées à grandsfrais au moyen de l'évaporation, de la dessiccation dans les étuves, à l'aide de la corne de cerf et de la colle de poisson, ne présentent que des aliments factices, sans saveur et sans autre goût que celui d'empyreume et de moisi, *etc.*

mouillé, j'ai mis le feu sous le bain-marie. Lorsqu'il a été au bouillon, j'ai continué le même degré de chaleur, pendant deux heures, et j'ai fini cette opération comme la précédente. Le bœuf et la volaille se sont trouvés cuits à propos, et se sont conservés, ainsi que le consommé, plus de deux ans.

BOUILLON OU GELÉE PECTORALE.

J'ai composé cette gelée d'après l'ordonnance d'un médecin, avec mou et pieds de veau, choux rouges, carottes, navets, oignons et porreaux, en quantité suffisante de chacun. Un quart-d'heure avant de retirer cette gelée du feu, j'ai ajouté sucre candi avec de la gomme de Sénégal. Je l'ai passée aussitôt qu'elle a été faite ; après qu'elle a été refroidie, elle a été mise en bouteilles, bouchée, ficelée, enveloppée dans des sacs, et placée au bain-marie pendant un quart-d'heure au bouillon, etc. Cette gelée s'est parfaitement conservée, aussi bonne que si elle eût été faite du jour.

FILET DE BOEUF, DE MOUTON, VOLAILLES ET PERDREAUX.

J'ai disposé tous ces objets, comme pour l'usage journalier, mais cuits seulement aux trois quarts, ainsi que des perdreaux rôtis. Lorsque tout a été refroidi, j'ai mis ces objets séparément dans des bocaux de grandeur suffisante ; après avoir bien bouché, luté, ficelé et mis en sacs, j'ai placé le tout au bain-marie pour donner une demi-heure de bouillon, etc..... Ces objets ont été expédiés pour Brest où ils ont été mis en mer pendant quatre mois et dix jours avec des végétaux, du consommé et du lait conservé, le tout bien emballé dans une caisse. A l'ouverture qu'on en a faite, on a dégusté tous ces objets, au nombre de dix-huit. Toutes ces substances ont été trouvées dans toute leur fraîcheur, et pas un seul vase n'a éprouvé la moindre altération en mer.

A ces quatre expériences, je puis en ajouter deux autres que j'ai faites, l'une

sur une fricassée de poulets , et l'autre sur
une matelotte d'anguilles , de carpes et
bruchets , garnie de ris de veau , de champignons , d'oignons , de beurre, d'anchois ,
le tout cuit au vin blanc. La fricassée de
poulets et la matelotte se sont parfaitement
conservées.

Ces résultats prouvent suffisamment que
le même principe , appliqué par les mêmes
procédés préparatoires, avec les mêmes soins
et précautions , conserve généralement toutes les productions animales, en observant
seulement de ne donner à chacune d'elles ,
dans la préparation , que trois quarts de
cuisson au plus , pour lui donner le surplus
au bain-marie.

Il est beaucoup d'objets qui peuvent supporter une heure de bouillon de plus au
bain-marie, sans aucun danger, tels que
le bouillon, le consommé, les gelées et les
essences de viandes , de volailles et jambon, les sucs de plantes, le moût et sirop
de raisin, etc.... Mais il en est beaucoup

d'autres auxquels un quart-d'heure, même une minute de plus, ferait beaucoup de tort. Ainsi les résultats seront toujours subordonnés à l'intelligence, à la célérité, et aux connaissances du manipulateur (1).

---

(1) « On ne parle dans les ateliers (dit le cé-
» lèbre Chaptal, *élémens de chimie, discours*
» *préliminaire*, p. cxxxj), que des caprices des opé-
» rations ; mais il paraît que ce terme vague a pris
» naissance de l'ignorance où sont les ouvriers des
». vrais principes de leur art ; car la nature n'agit
» point elle—même avec détermination et discer-
» nement ; elle obéit à des lois constantes. Les ma-
» tières mortes, que nous employons dans nos ate-
» liers, présentent des effets nécessaires où la
» volonté n'a aucune part, et où par conséquent il
» ne saurait y avoir de caprices. *Connaissez mieux*
» *vos matières premières*, pourrait-on dire aux ar-
» tisans, *étudiez mieux les principes de votre art,*
» *et vous pourrez tout prévoir, tout prédire et tout*
» *calculer; c'est votre seule ignorance qui fait de*
» *vos opérations un tâtonnement continuel et une*
» *décourageante alternative de succès et de revers* ».
En effet, le manipulateur qui opère avec une

OEUFS FRAIS.

L'œuf le plus frais résiste plus à la chaleur du bain-marie ; en conséquence j'ai
pris des œufs du jour, que j'ai rangés dans
un bocal avec de la chapelure de pain pour
remplir les vides, et les garantir de la
casse dans les voyages. J'ai bien bouché, luté, ficelé, etc. Je les ai placés

---

parfaite connaissance du principe de son art, et des
résultats de son application, sera plus surpris
qu'étonné d'une avarie ou d'un revers qu'il éprou-
vera dans ses opérations ; et bien loin de s'en prendre
au caprice, il trouvera la cause de cette avarie
dans l'oubli de quelques soins indispensables à l'application de ce même principe ; le revers lui servira
de régulateur pour mieux calculer et pour perfec-
tionner les procédés préparatoires. Comme il a la
conviction de l'invariabilité de son principe dans
ses effets, il sait que toute avarie ou revers ne peut
provenir que d'une mauvaise application.

dans un chaudron de grandeur suffisante (1) pour leur donner soixante et quinze degrés de chaleur. Ensuite j'ai retiré le bain-marie du feu ; lorsqu'il a été refroidi à pouvoir y tenir la main , j'en ai retiré les œufs, que j'ai gardés six mois. Au bout de cet intervalle , j'ai retiré les œufs du bocal ; je les ai mis sur le feu dans de l'eau fraîche, à laquelle j'ai donné soixante-quinze degrés de chaleur. Ils se sont trouvés cuits à propos pour la mouillette, et aussi frais que lorsque je les ai préparés. Quant aux œufs durs préparés à la tripe ou à la sauce blanche, etc., je leur donne quatre-vingts degrés de chaleur au bain-marie, c'est-à-dire qu'aussitôt le premier bouillon , je retire le bain-marie du feu.

---

(1) Cette opération en grand , c'est-à-dire dans une grande chaudière , demanderait beaucoup de précautions , en ce qu'il serait plus difficile de maîtriser le degré de chaleur que dans un petit bain-marie , qui se place et déplace à volonté.

DU LAIT.

J'ai pris douze litres de lait sortant de la vache, je l'ai rapproché au bain-marie, et réduit au deux tiers de son volume en l'é-cumant très-souvent. Ensuite je l'ai passé à l'étamine. Lorsqu'il a été froid, j'en ai ôté la peau qui s'y était formée en refroidis-sant, et je l'ai mis en bouteilles avec les procédés ordinaires, et de suite au bain-marie pendant deux heures de bouillon, etc. Au bout de quelques mois, je me suis aperçu que la crême s'était séparée en flo-cons, et surnageait dans la bouteille. Pour éviter cet inconvénient, je fis une seconde expérience sur une même quantité de lait, que j'ai fait rapprocher au bain-marie, de moitié au lieu d'un tiers comme le pre-mier. J'imaginai d'y ajouter, lorsqu'il fut réduit, huit jaunes d'œufs bien frais délayés avec ce même lait. Après avoir laissé le tout ainsi bien mêlé, une demi-heure sur le feu, j'ai fini comme à la première expérience.

Ce moyen m'a parfaitement réussi. Le jaune d'œuf avait tellement lié toutes les parties qu'au bout d'un an et même dix-huit mois, le lait s'était conservé tel que je l'avais mis en bouteilles. Le premier s'est également conservé deux ans et plus ; la crême qui s'y trouve en flocons, disparaît en le mettant sur le feu, tous deux supportent de même l'ébullition. De l'un et de l'autre on a obtenu du beurre et du petit-lait ; dans les différentes expériences et analyses chimiques auxquelles ils ont été soumis, on a reconnu que le dernier, bien supérieur, pouvait remplacer la meilleure crême qu'on vend à Paris pour le café.

DE LA CRÊME.

J'ai pris cinq litres de crême levée avec soin sur du lait trait de la veille ; je l'ai rapprochée au bain-marie à quatre litres sans l'écumer ; j'en ai ôté la peau qui s'était formée dessus, pour la passer de suite à l'étamine, et la mettre refroidir. Après en

avoir encore ôté la peau qui s'y était formée
en refroidissant, je l'ai mise en demi-bouteilles avec les procédés ordinaires, pour
lui donner une heure de bouillon au bain-
marie. Au bout de deux ans, cette crème
s'est trouvée aussi fraîche que si elle eût été
préparée du jour. J'en ai fait de bon beurre
frais la quantité de quatre à cinq onces par
demi-litre.

PETIT-LAIT.

J'ai préparé du petit-lait par les procédés d'usage. Lorsqu'il a été clarifié, et
refroidi, je l'ai mis en bouteilles, etc.,
pour lui donner une heure de bouillon au
bain-marie. Quelque bien clarifié que soit
le petit-lait, lorsqu'on le met au bain-
marie, l'application de la chaleur en déta-
che toujours quelques parties de fromage
qui forment un dépôt ; j'en ai gardé deux
et trois ans de cette manière, et avant d'en
faire usage je l'ai filtré pour l'avoir très-
limpide. Dans un cas pressé, il suffit de le

décanter avec précaution, pour l'obtenir
de même.

DES VÉGÉTAUX.

Comme la différence des climats rend
leurs productions plus ou moins précoces,
et met beaucoup de variété dans leurs qualités, leurs espèces et leurs dénominations,
on se gouvernera en conséquence du sol
qu'on habite.

A Paris et dans les environs, c'est en
juin et juillet la meilleure saison pour conserver les petits pois verts, les petites
fèves de marais et les asperges. Plus tard,
ces légumes perdent beaucoup par les cha-
leurs et la sécheresse. C'est en août et
septembre que je conserve les artichauts,
les haricots verts et blancs, ainsi que les
choux-fleurs. En général tout les végétaux
que l'on destine à la conservation, doivent
être cueillis le plus récemment possible,
et disposés avec la plus grande célérité, de
manière que du jardin au bain-marie ils
ne fassent qu'un saut.

PETITS POIS VERTS.

Le *clamart* et le *crochu*, sont les deux espèces de pois que je préfère, surtout le dernier, qui est le plus moelleux et le plus sucré de tous, ainsi que le plus hâtif, après le *michaux* cependant, qui est le plus précoce de tous ; mais ce dernier n'est pas propre à être conservé. Je fais cueillir les pois pas trop fins, parce qu'ils fondent en eau à l'opération ; je les prends un peu moyens, ils ont infiniment plus de goût et de saveur, se trouvant alors plus faits. Je les fais écosser aussitôt cueillis. J'en fais séparer les gros, et ils sont mis de suite en bouteilles, avec l'attention de faire tasser les bouteilles sur le tabouret déjà cité, pour en faire entrer le plus possible. Je les bouche de suite, etc., pour les mettre au bain-marie pendant une heure et demie au bouillon, lorsque la saison est fraîche et humide, et deux heures, lorsqu'il y a chaleur et sécheresse ; et je finis l'opération comme les précédentes.

J'ai mis également en bouteilles les gros
pois qui ont été séparés des fins ; je les bouche, etc., pour leur donner, suivant la saison, deux heures ou deux heures et demie
de bouillon au bain-marie.

ASPERGES.

Je fais nettoyer les asperges comme pour
l'usage journalier, soit entières ou aux petits
pois. Avant de les mettre en bouteilles ou
en bocaux, je les plonge dans l'eau bouillante, et de suite dans l'eau fraîche, pour
ôter l'âcreté particulière à ce légume ; les
entières sont rangées avec soin dans des bocaux, la tête en bas ; celles disposées en
petits-pois, sont mises en bouteilles. Après
que l'une et l'autre sont bien égouttées, je
bouche, etc., et je les mets au bain-marie
pour y recevoir un bouillon seulement, etc.

PETITES FÈVES DE MARAIS.

Ni la féverole, ni même la julienne qui
y ressemble beaucoup, ne sont bonnes à

conserver. Je me sers de la vraie fève de marais, de celle qui est grosse et large comme le pouce, lorsqu'elle est en matu-rité. Je la fais cueillir très-petite, grosse comme le bout du petit doigt, pour la con-server avec sa robe. Comme la robe est sensible au contact de l'air qui la brunit, je prends la précaution, tout en les écos-sant, de les faire mettre dans les bouteilles. Lorsque ces dernières sont pleines et tassées légèrement sur le tabouret pour en faire tenir le plus possible, et remplir tous les vides, j'ajoute à chaque bouteille un petit bouquet de sariette; je les bouche bien vite, etc. pour les mettre au bain-marie, pendant une heure de bouillon, etc. Lors-que ce légume est cueilli, préparé et con-fectionné avec célérité, je l'obtiens d'un blanc verdâtre; au contraire lorsqu'il lan-guit dans la préparation, il brunit et durcit.

FÈVES DE MARAIS DÉROBÉES.

Pour conserver des fèves de marais dé-

4

robées, je les prends plus grosses, à peu près d'un demi-pouce de long au plus ; je les fais dérober et mettre en bouteilles avec un petit bouquet de sariette, etc., et je les mets au bain-marie pour leur donner une heure et demie de bouillon, etc.

HARICOTS VERTS.

Le haricot connu sous nom de bayolet, qui ressemble au suisse, est l'espèce qui convient le mieux pour conserver en vert ; il réunit au meilleur goût l'uniformité ; je le fais cueillir comme pour l'usage journalier. Aussitôt je le fais éplucher et mettre en bouteilles, lesquelles j'ai soin de faire tasser sur le tabouret pour remplir les vides. Je bouche, etc. et mets au bain-marie, pour leur donner une heure et demie de bouillon. Lorsque le haricot se trouve un peu gros, je le fais couper de longueur en deux ou trois ; de cette manière il n'a besoin que d'une heure au bain-marie.

HARICOTS BLANCS.

Le haricot de Soissons mérite à juste titre la préférence; à son défaut, je prends le meilleur possible, je le fais cueillir lorsque sa cosse commence à jaunir, je le fais écosser de suite et mettre en bouteilles, etc. Je le mets au bain-marie pour lui donner deux heures de bouillon, etc.

ARTICHAUTS ENTIERS.

Je les prends de moyenne grosseur; après en avoir ôté toutes les feuilles inutiles et les avoir parés, je les plonge dans l'eau bouillante, et de suite dans l'eau fraîche; après les avoir égouttés, ils sont mis en bocaux bouchés, etc. et au bain-marie pour recevoir une heure de bouillon, etc.

ARTICHAUTS EN QUARTIER.

J'ai coupé de beaux artichauts en huit morceaux; j'en ai ôté le foin et ne leur ai

laissé que très-peu de feuilles. Je les ai plon-
gés dans l'eau bouillante, ensuite dans l'eau
fraîche; étant bien égouttés, ils ont été passés
sur le feu dans une casserole, avec un
morceau de beurre frais, assaisonnement et
fines herbes; lorsqu'ils ont été à moitié cuits,
je les ai ôtés du feu et mis refroidir ; ensuite
ils ont été mis en bocaux, bouchés, lutés,
ficelés, etc. et placés au bain-marie pendant
une demi-heure de bouillon, etc.

CHOUX-FLEURS.

Comme l'artichaut, lorsque les choux-
fleurs sont bien épluchés, je les plonge à
l'eau bouillante, et à l'eau fraîche ; lorsqu'ils
sont bien égouttés, ils sont mis en bocaux bouchés, etc.; je les place au bain-marie pour leur
donner une demi-heure de bouillon, etc.

Comme les années varient et sont tantôt
sèches, tantôt pluvieuses, on sentira aisé-
ment qu'il faut également étudier et varier
les degrés de chaleur qui conviennent dans
ces deux cas ; c'est une attention particu-

lière qu'il ne faut pas oublier. Par exemple, dans une année fraîche et humide, les légumes sont plus tendres, et par conséquent plus sensibles à l'action du feu ; dans ce cas, il faut donner sept à huit minutes de moins d'ébullition au bain-marie, et en donner autant de plus dans les années de sécheresse où les légumes sont plus fermes et soutiènent mieux l'action du feu, etc.

OSEILLE.

Je fais cueillir oseille, belle-dame, laitue, poirée, cerfeuil, ciboule, etc. en proportion convenable. Lorsque le tout est bien épluché, lavé, égoutté, haché, je fais cuire le tout ensemble dans un vase de cuivre bien étamé. Ces légumes doivent être bien cuits comme pour l'usage journalier, et non pas desséchés, et souvent brûlés, comme cela se pratique dans les ménages lorsqu'on veut les conserver. Ce degré de cuisson est le plus convenable. Lorsque mes herbes sont ainsi préparées, je les mets refroidir dans des vases de faïence ou de grès ; ensuite je mets en bouteilles d'embouchure un peu grande, je bouche, etc. et je mets au bain-marie pour donner à mon oseille un quart-d'heure de bouillon seulement. Ce temps suffit pour la conserver dix ans intacte et aussi fraîche que si elle sortait du jardin. Cette manière est sans contredit la meilleure et la plus économique pour les ménages, les hospices civils et militaires. Elle est surtout la plus avantageuse pour la marine ; car on pourra rapporter des grandes Indes l'oseille ainsi préparée, aussi fraîche et aussi savoureuse que cuite du jour.

ÉPINARDS ET CHICORÉES.

Ces deux espèces se préparent comme pour l'usage journalier ; lorsqu'elles sont bien fraîchement cueillies, épluchées, blanchies, rafraîchies, pressées et hachées, je les mets en bouteilles, etc. pour leur donner un quart-d'heure de bouillon au bain-marie, etc.

Les carottes, choux, navets, panais, oignons, pommes de terre, céleri, cardons d'Espagne, betteraves, et généralement tous les légumes se conservent également, soit blanchis seulement, ou préparés au gras ou au maigre pour en faire usage au sortir du vase. Dans le premier cas, je fais blanchir et cuire à moitié dans l'eau avec un peu de sel les légumes que je veux conserver ; je les retire de l'eau pour les faire égoutter et refroidir : ensuite je mets en bouteilles, etc. pour les mettre au bain-marie, et donner aux carottes, choux, navets, panais, betteraves, une heure de bouillon, et une demi-heure aux oignons, pommes de terre, céleris, etc. Dans l'autre cas je prépare mes légumes, soit au gras, soit au maigre, comme pour l'usage ordinaire : lorsqu'ils sont cuits aux trois quarts et bien préparés et assaisonnés, je les retire du feu pour les laisser refroidir ; ensuite je les mets en bouteilles ; je bouche, etc. pour leur donner un bon quart-d'heure de bouillon au bain-marie, etc.

JULIENNE.

J'ai composé une julienne de carottes, poireaux, navets, oseille, haricots verts, céleri, petits pois, etc. que j'ai préparés par les procédés d'usage, qui consistent à couper en petits morceaux, soit en rond ou en long les carottes, navets, poireaux, haricots verts et céleri. Après les avoir bien épluchés et lavés, j'ai mis ces légumes dans une casserole sur le feu, avec un bon morceau de beurre frais. Je les ai laissé cuire ainsi à moitié, après quoi j'ai ajouté l'oseille et les petits pois. Lorsque tout a été cuit et réduit, j'ai mouillé ces légumes avec de bon consommé que j'avais préparé exprès avec de bonne viande et volaille ; j'ai laissé bouillir le tout une demi-heure, ensuite j'ai retiré du feu pour laisser refroidir, j'ai mis en bouteilles, bouché, etc. pour donner à ma julienne une demi-heure de bouillon au bain-marie, etc.; je l'ai conservée plus de deux ans. La julienne au maigre se com-

pose de même, excepté qu'au lieu de consommé, je mouille mes légumes lorsqu'ils
sont bien cuits, avec une purée claire, soit
de haricots, de lentilles ou de gros pois verts,
que j'ai conservés, et je lui donne également une demi-heure de bouillon au bain-
marie, etc.

COULIS DE RACINES.

J'ai composé et préparé un coulis de racines par les procédés ordinaires. Il a été
foncé de manière qu'une bouteille de litre
puisse faire un potage pour douze personnes, en y ajoutant deux litres d'eau avant
de le faire chauffer pour en faire usage.

Lorsqu'il a été refroidi, je l'ai mis en
bouteilles, pour lui donner une demi-heure
de bouillon au bain-marie, etc.

TOMATES OU POMMES D'AMOUR.

J'ai fait cueillir les tomates bien mûres;
lorsqu'elles ont acquis leur belle couleur.
Après les avoir bien lavées et fait égoutter,

je les ai coupées en morceaux et mis fondre
sur le feu dans un vase de cuivre bien étamé.
Lorsqu'elles ont été bien fondues et réduites
d'un tiers de leur volume, je les ai passées
au tamis clair, assez fin cependant pour re-
tenir les pepins ; le tout passé , j'ai remis la
décoction sur le feu, et je l'ai rapprochée
de manière qu'il n'en restât que le tiers du
volume total. Ensuite j'ai fait refroidir dans
des terrines de grès, et de suite mis en bouteilles , etc. pour leur donner un bon bouillon seulement au bain-marie, etc.

Je n'ai pas encore fait d'expériences sur
les fleurs ; mais il n'y pas de doute, que
cette nouvelle méthode donnera les moyens
d'en obtenir des résultats précieux et éco-
nomiques.

PLANTES POTAGÈRES ET MÉDICINALES.

J'ai empli une bouteille de menthe poivrée en branche et en pleines fleurs ; je l'ai
foulée avec un bâton pour en faire tenir
davantage ; je l'ai bien bouchée , etc.,

pour lui donner un petit bouillon au bain-
marie, etc. ; elle s'est parfaitement conservée. On pourra opérer de même sur toutes
les plantes qu'on voudra conserver en branches. Ce sera à l'artiste à calculer le degré
de chaleur qu'il conviendra de donner à
chacune de celles sur lesquelles il opé-
rera (1).

---

(1) La manière d'extraire le suc des plantes par
l'eau, a plus ou moins d'inconvénients; toutes celles
dont le principe est très-fugace et très-évaporable,
perdent infiniment, même à l'eau tiède, à plus
forte raison, lorsque l'eau est poussée à un degré
de chaleur plus élevé, et lorsqu'on laisse long-
temps les plantes en digestion.

On fait infuser les végétaux aromatiques, lorsqu'on veut conserver l'arôme et ne pas charger
l'eau du principe extractif que contient la plante.
Ainsi le thé et le café se font par infusion; toutes
les théories anciennes et modernes, et tous les
nouveaux appareils imaginés pour captiver l'arôme
du café, laissent encore beaucoup à désirer.

L'ébullition qu'on emploie souvent pour extraire

SUCS D'HERBES.

J'ai très-bien conservé des sucs de plantes, tels que ceux de laitue, de cerfeuil, de bourrache, de chicorée sauvage, de cresson de fontaine, etc.; je les ai préparés et dépurés par les procédés ordinaires, j'ai bouché, etc., pour leur donner un bouillon au bain-marie, etc.

---

l'arôme des plantes au moyen de la distillation, malgré tous les appareils fermés dont on se sert, dénature le plus souvent les produits.

Non seulement les principes extraits par l'eau ont déjà perdu par cette première opération, mais il ne leur reste presque plus de vertu après l'évaporation qu'on a l'usage de leur faire subir pour en former des extraits. L'extrait ne peut donc représenter que l'apparence des principes solubles et nutritifs des substances végétales et animales, puisque le feu nécessaire pour former l'extrait au moyen de l'évaporation, détruit l'arôme et presque toutes les propriétés de la substance qui le contient.

DES FRUITS ET DE LEURS SUCS.

Les fruits et leurs sucs demandent la plus grande célérité dans les procédés préparatoires, et particulièrement dans l'application de la chaleur au bain-marie.

Il ne faut pas attendre la parfaite maturité des fruits pour les conserver en entier ou en quartiers, parce qu'ils fondent au bain-marie; de même qu'il ne faut pas prendre ceux du commencement de la récolte, ni ceux de la fin. Les premiers et les derniers n'ont jamais autant de qualité ni de parfum que ceux qui sont cueillis dans la bonne saison, qui est celle où la majeure partie de la récolte de chaque espèce se trouve à la fois en maturité.

GROSEILLES ROUGES ET BLANCHES EN GRAPPES.

Je fais cueillir la groseille rouge et blanche séparée, pas trop mûre; je choisis la belle, et les plus belles grappes bien propres, et je les fais mettre en bouteilles avec

le soin de les faire tasser sur le tabouret
légèrement pour remplir les vides ; ensuite
je bouche, etc., pour les mettre au bain-
marie, que j'ai l'attention de surveiller ; et
aussitôt qu'il entre en ébullition ou au bouillon, j'en retire tout le feu bien vite, et un
quart-d'heure après je lâche l'eau du bain-
marie par le robinet, etc.

GROSEILLES ROUGES ET BLANCHES ÉGRENÉES.

Je fais égrener les groseilles rouges et
blanches séparées ; elles sont mises de suite
en bouteilles, et je les finis comme celles
en grappes, avec les mêmes attentions au
bain-marie ; je conserve beaucoup plus de
ces dernières, parce que la grappe donne
toujours une âpreté au suc de groseilles.

CERISES, FRAMBOISES, MURES ET CASSIS.

Je fais cueillir ces fruits pas trop mûrs
afin qu'ils s'écrasent moins à l'opération.
Je les fais mettre en bouteilles séparément
et tasser sur le tabouret légèrement. Je

bouche, etc., et je les finis comme et avec les mêmes soins que la groseille.

SUCS DE GROSEILLES ROUGES.

Je fais cueillir la groseille rouge bien mûre, je la fais écraser sur des tamis clairs ; je soumets à la presse le marc qui reste sur les tamis, pour en extraire tout le suc qui peut y rester, que je mêle avec le premier ; je parfume le tout avec un peu de suc de framboises. Je passe cette décoction au tamis un peu plus fin que les premiers. Je mets en bouteilles, etc. et j'expose au bain-marie avec la même attention que pour la groseille en grains, etc.

J'opère de même pour le suc de groseilles blanches et d'épines-vinettes, ainsi que pour ceux de grenades, d'oranges et citrons, etc.

FRAISES.

J'ai fait sur la fraise beaucoup d'expériences de diverses manières, sans pouvoir obtenir son parfum ; il m'a fallu avoir recours au sucre. En conséquence, j'ai écrasé et passé des fraises au tamis comme pour faire des glaces ; j'ai ajouté demi-livre de sucre en poudre, avec le suc d'un demi-citron, pour livre de fraises ; le tout bien mêlé ensemble, j'ai mis la décoction en bouteilles, bouché, etc. ; je l'ai exposée au bain-marie jusqu'à ce que l'ébullition commençât, etc. Cette manière m'a très-bien réussi, à la couleur près qui perd beaucoup ; mais on peut y suppléer.

ABRICOTS.

Pour la table, l'abricot commun et l'abricot-pêche, tous deux de plein-vent, sont les deux meilleures espèces pour conserver. Ceux d'espalier n'ont pas à beaucoup près la même saveur et le même arôme. Je mêle assez ordinairement ces deux espèces ensemble, parce que la première soutient l'autre qui a plus de suc, et qui fond davantage à l'action de la chaleur. On peut cependant les préparer séparément, en prenant la précaution de donner quelques minutes de moins au bain-marie pour l'abricot-pêche ; c'est-à-dire qu'aussitôt que le bain-marie commence à bouillir, il faut en retirer le feu, au lieu que pour l'autre je ne retire le feu qu'après que le bain-marie est au premier bouillon.

Je fais cueillir les abricots lorsqu'ils sont mûrs, mais un peu fermes, lorsqu'en les serrant légèrement je sens entre les doigts le noyau se détacher. Aussitôt cueillis, je les coupe par la moitié en long, j'en ôte le noyau et la peau le plus mince possible, avec un couteau. Suivant l'embouchure des vases, je les mets en bouteilles, soit par moitiés ou en quartiers ; je les tasse sur le tabouret pour remplir le vide ; j'ajoute à chaque bouteille douze à quinze des amandes des noyaux que j'ai fait casser ; je bouche, etc. Je les mets au bain-marie pour leur donner un bouillon seulement, et aussitôt j'en retire le feu avec la même précaution employée à l'égard de la groseille, etc.

PÊCHES.

La grosse mignonne, et la calaude, sont les deux espèces de pêches qui réunissent le plus de qualité et de parfum ; à défaut de ces deux espèces, je prends les meilleures possibles, pour conserver par les mêmes procédés que ceux employés pour les abricots.

BRUGNONS.

Je prends le brugnon bien mûr, c'est-à-dire plus mûr que la pêche, parce qu'il soutient mieux l'action du feu, et d'un autre côté je lui laisse la peau pour le conserver. Du reste, j'opère de la même manière que pour les abricots et les pêches, et toujours en surveillant le bain-marie comme pour la groseille.

PRUNES DE REINE-CLAUDE ET MIRABELLES.

J'ai fait des prunes de reine-claude entières avec queue et noyau, ainsi que d'autres

grosses prunes , et même des perdrigons
et des alberges , qui m'ont très-bien réussi ;
mais l'inconvénient, c'est qu'il ne tient que
très-peu de ces grosses prunes dans un
grand vase , parce qu'on ne peut remplir les
vides en les tassant, à moins de les écraser
totalement, et que lorsqu'elles ont reçu l'application du feu au bain-marie , elles sont
diminuées , et que les vases se trouvent à
moitié vides. En conséquence , j'ai renoncé
à cette manière trop dispendieuse , et j'ai
pris le parti de ne conserver toutes les
grosses prunes que coupées par moitié après
en avoir ôté le noyau. Ce moyen est plus
facile et plus économique , les bouchons de
calibre à boucher les gros objets étant plus
chers et très-rares en liége très-fin ; d'un
autre côté , les vases de petite ou moyenne
embouchure sont plus faciles à bien boucher , et l'opération par conséquent plus
sûre. Pour la prune de mirabelle , et toutes
autres petites prunes , je les prépare entières avec le noyau, après leur avoir ôté

la queue, parce qu'elles sont plus faciles à tasser, et qu'elles ne laissent que très-peu de vide dans les vases. Pour toutes ces prunes généralement, entières ou coupées par moitié, j'emploie les mêmes procédés, mêmes soins et attentions que pour l'abricot et la pêche.

POIRES DE TOUTES ESPÈCES.

Lorsque les poires sont pelées, coupées en quartiers, et nettoyées de leurs pepins, ainsi que des enveloppes de ces pepins, je les mets en bouteilles, etc., pour les mettre au bain-marie. Je surveille également le degré de chaleur qu'elles ne doivent éprouver que jusqu'à l'ébullition, lorsque ce sont des poires à couteau; pour les poires à cuire, je leur donne cinq à six minutes de bouillon au bain-marie. Les poires tombées ont besoin d'un quart-d'heure de bouillon, etc.

MARRONS.

Je pique les marrons à la tête avec la pointe d'un couteau, comme pour les faire griller; je les mets en bouteilles, etc. pour leur donner un bouillon au bain-marie, etc.

TRUFFES.

Après avoir bien lavé et brossé les truffes, pour en ôter toute la terre, j'en fais enlever légèrement la superficie avec le couteau. Ensuite, selon le diamètre ou l'ouverture de l'embouchure des vases, je les mets en bouteilles, entières ou coupées par morceaux : les résidus sont mis en bouteilles à part; le tout bien bouché, etc., je les mets au bain-marie pour recevoir une heure de bouillon, etc. (Il n'est pas besoin de recommander que les truffes soient bien saines et des plus récentes.)

CHAMPIGNONS.

Je prends les champignons sortant de la

couche, bien formés et bien fermes. Après les avoir épluchés et lavés, je les mets dans une casserole sur le feu avec un morceau de beurre ou de bonne huile d'olive, pour leur faire jeter leur eau; je les laisse sur le feu jusqu'à ce que cette eau soit réduite de moitié; je les retire pour les laisser refroidir dans une terrine pour les mettre en bouteilles, et leur donner un bon bouillon au bain-marie, etc.

MOUT DE RAISIN OU VIN DOUX.

En 1808, dans le temps des vendanges, j'ai pris du raisin noir, cueilli à la vigne avec soin; après en avoir fait ôter les grains pourris et ceux qui étaient verts, j'ai fait égrener, ensuite écraser sur des tamis clairs; j'ai mis sous la presse le marc qui se trouvait sur les tamis, pour en extraire ce qui pouvait y rester; j'ai réuni les deux produits de la presse et des tamis dans une futaille. Après l'avoir laissé reposer ainsi vingt-quatre heures, je l'ai mis en bouteilles, etc., pour lui donner un bon bouillon au bain-marie , etc. (1) Lorsque mon opération a été terminée , j'ai retiré les bouteilles de la chaudière ; l'action du feu avait précipité le peu de couleur que le moût avait pris dans la préparation , et le moût de raisin s'est trouvé très-blanc. Je l'ai rangé dans mon laboratoire sur des lattes , comme on place le vin.

J'ai répété toutes ces expériences le 10 septembre 1809 en présence de la commission spéciale nommée par Son Excellence le Ministre de l'intérieur, composée des personnes de l'art, du plus grand mérite.

De nouvelles expériences commencées ainsi que beaucoup d'autres que je me propose de tenter sur divers objets, seront exposées dans une instruction que je compte

_____

(1) J'ai mis les résidus de la pièce avec les marcs de la presse dans ma vendange.

publier aussitôt que je pourrai compter sur leur résultat.

Manière de faire usage des Substances préparées et conservées.

VIANDES , GIBIER , VOLAILLES , POISSONS.

Un pot-au-feu ordinaire dont le degré de cuisson a été bien calculé dans la préparation, ainsi qu'à l'application de la chaleur au bain-marie, n'a besoin que d'être chauffé au degré convenable pour en obtenir potage et bouilli.

Pour plus grande économie , et moins multiplier les vases, un bon consommé, tel que je l'ai indiqué , est plus convenable, parce que le bœuf, ainsi que le consommé, n'a besoin également que d'être chauffé; et qu'au moyen de moitié ou deux tiers d'eau qu'on ajoute au consommé on obtient un bon potage.

De même une bouteille de litre de consommé , au moyen de deux litres d'eau bouillante que vous y ajoutez au moment d'en faire usage, donne douze bons bouillons, en y mettant un peu de sel. Ainsi on peut en avoir chez soi une petite provision à peu de frais pour le besoin et les temps de chaleur où il est si difficile de s'en procurer, surtout dans les campagnes.

Toutes les viandes, volailles, gibier, poissons, etc., qui ont reçu trois quarts de cuisson dans la préparation et le surplus au bain-marie, comme je l'ai indiqué, je les fais chauffer en sortant du vase, au degré convenable pour les servir sur table de suite. S'il arrivait par exemple qu'au sortir du vase, l'objet qui y était renfermé ne fût pas assez cuit par le défaut des procédés préparatoires, ou celui de ne pas avoir reçu suffisamment l'application de la chaleur au bain-marie, dans ce cas on met l'objet sur le feu pour lui donner le degré de cuisson nécessaire. En conséquence, lorsque l'artiste aura bien soigné ses préparations, qu'elles seront assaisonnées et cuites à propos, l'usage en sera facile et commode dans tous les cas, parce que d'un côté on n'aura besoin que de faire chauffer et que de l'autre on pourra les manger froides au besoin. Les substances ainsi préparées et conservées n'exigent pas, comme on pourrait le croire, d'être consommées aussitôt qu'elles sont débouchées. On peut faire usage des comestibles d'un même vase pendant huit et dix jours après qu'il a été débouché (1), avec le soin seulement de remettre le bouchon aussitôt qu'on en a pris pour le besoin ; ainsi on pourra régler la capacité des vases d'un à vingt-cinq litres et plus, suivant l'importance des consommations présumées.

---

(1) Voyez le rapport fait à la société d'encouragement pour l'industrie nationale, par M. Bouriat, au nom de la commission. Deux demi-bouteilles, l'une de lait, l'autre de petit-lait, débouchées depuis vingt à trente jours, avaient été rebouchées avec peu de soin ; cependant les deux substances avaient conservé toutes leurs propriétés.

GELÉE DE VIANDES ET DE VOLAILLES.

Une gelée bien préparée et conservée, retirée du vase en morceaux avec soin, peut garnir des viandes froides, ou bien on la fera fondre seulement dans le vase au bain-marie, après l'avoir débouché ; ensuite on la coulera sur un plat pour la faire reprendre sur de la glace, avant de la servir.

Dans une infinité de circonstances, un cuisinier manque des objets nécessaires pour tirer des sauces, etc.; avec les essences de viandes, de volaille, de jambon, etc. ainsi qu'avec des fonds de glaces bien préparés et conservés, il se les procurera à la minute.

BOUILLON OU GELÉE PECTORALE.

Quant à la gelée pectorale, préparée et conservée comme je l'ai indiqué, l'usage s'en fait, soit en la coupant en sortant de la bouteille avec plus ou moins d'eau bouillante, soit froide telle qu'elle se trouve, dans les proportions que les personnes de l'art jugeront les plus convenables dans les différents cas.

LAIT ET CRÊME.

La crême, le lait, le petit-lait, préparés et conservés comme je l'ai indiqué, s'employent de la même manière que ces objets frais , aux mêmes usages journaliers.

Puisque la crême et le lait se conservent parfaitement de cette manière, il n'y a pas de doute qu'on pourra de même conserver les crêmes d'entremets , ainsi que celles pour des glaces qui, lorsqu'elles auront été bien préparées et finies avant d'être mises en boutcilles, n'auront besoin que d'être chauffées légèrement au bain-marie, après avoir été débouchées pour les faciliter à sortir du vase. On pourra ainsi se procurer de suite et à la minute des crêmes et des glaces.

LÉGUMES.

Les légumes mis en bouteilles sans être cuits et soumis ensuite à l'action de la chaleur du bain-marie de la manière indiquée, ont besoin d'être préparés au sortir du vase, pour en faire usage. Cette préparation est suivant le goût et la volonté de chacun, et conforme aux différentes méthodes employées dans la saison. Il faut avoir l'attention de laver ses légumes au sortir du vase, et même pour faciliter leur sortie, j'emplis la bouteille d'eau tiède, et après l'avoir égouttée, de cette première eau, je lave les légumes dans une seconde eau un peu plus chaude, et après les avoir égouttés, je les prépare au gras ou au maigre.

HARICOTS BLANCS.

Je fais blanchir, comme dans la saison, le haricot blanc au sortir de la bouteille, dans de l'eau avec un peu de sel; lorsqu'il est cuit à propos, je le retire du feu et je le laisse dans cette eau de cuisson, une demi-heure et même une heure pour les rendre plus moelleux, ensuite je les prépare au gras ou au maigre.

HARICOTS VERTS.

De même je fais blanchir le haricot vert, lorsqu'il n'est pas assez cuit par les procédés conservatoires, ce qui arrive quelquefois ainsi qu'aux artichauts, aux asperges et aux choux-fleurs, etc. S'ils sont assez cuits au sortir du vase, je ne fais que les laver à l'eau chaude pour ensuite les préparer.

PETITS POIS VERTS.

Les petits pois verts se préparent de bien des manières. Si dans la saison ils se trouvent mal préparés, c'est la cuisinière qui reçoit les reproches ; mais en hiver, s'ils ne se trouvent pas bons, on a grand soin de s'excuser sur celui qui les a conservés, quoique les mauvaises préparations tiènent le plus souvent au mauvais beurre, à l'huile ou à la graisse rance qu'on emploie sans attention ou par économie ; une autre fois on les prépare deux heures trop tôt, on les laisse languir et attacher au fond de la casserole sur le feu, et on les sert resuant le beurre tourné en huile avec le goût de caramel, ou bien on les fait sans soin et avec trop de précipitation ; c'est ainsi qu'on voit servir des pois verts qui se noyent dans l'eau ; mais chacun a sa manière : voici la mienne.

Aussitôt que les petits pois sont lavés et bien égouttés de suite (car il ne faut pas laisser séjourner ce légume dans l'eau, non plus que les petites fèves de marais : cela leur ôterait de leur qualité), je les mets avec un morceau de bon beurre frais dans une casserole sur le feu ; j'y ajoute un bouquet de persil et de ciboules ; après les avoir sautés plusieurs fois dans le beurre, je les singe avec un peu de farine, et les mouille un instant après avec de l'eau bouillante, jusqu'à fleur des pois ; je les laisse ainsi bouillir un bon quart d'heure jusqu'à ce

qu'il n'y ait plus que très-peu de sauce ;
alors j'assaisonne de sel et d'un peu de
poivre, je les laisse sur le feu jusqu'à ce qu'ils
soient réduits, je les en retire aussitôt pour
y ajouter, par bouteille de petits pois, gros
comme une bonne noix de beurre frais avec
plein une cuiller à bouche de sucre en
poudre ; je les saute bien sans les remettre
sur le feu jusqu'à ce que le beurre soit fondu, et je les dresse en rocher sur un plat
que j'ai eu soin de faire bien chauffer ; j'ai
observé plusieurs fois, qu'en ajoutant le
sucre aux petits pois lorsqu'ils sont sur le
feu, et leur donnant seulement un bouillon,
les petits pois étaient racornis et la sauce
allongée, de manière à ne pouvoir plus les
lier ; ainsi on fera la plus grande attention à
ne mettre le sucre et le dernier beurre aux
petits pois, qu'au moment de les servir ; et
après les avoir retirés du feu ; c'est le seul
moyen de les bien finir, car il ne doit jamais
paraître de sauce aux petits pois, pas plus en
été que dans l'hiver. Il est encore une autre

manière de manger de bons petits pois, et qui pourra convenir à plusieurs personnes; elle consiste à faire cuire dans de l'eau les petits pois tout simplement ; lorsqu'ils sont cuits, on les retire de l'eau pour les sauter avec un morceau de bon beurre frais, sel, poivre et sucre tout ensemble, sur un feu très-doux pour les servir de suite sur un plat très-chaud ; il faut faire attention que les petits pois ne doivent pas bouillir avec l'assaisonnement, autrement le beurre tournerait en huile, et le sucre relâcherait les petits pois qui fondraient en eau.

FÈVES DE MARAIS.

Je prépare les petites fèves de marais, robées ainsi que celles qui sont dérobées, par les mêmes procédés et les mêmes attentions employés pour les petits pois.

Je fais d'excellente purée avec les gros pois conservés ; ils sont également très-bons au gras. Quant aux asperges, artichauts, choux-fleurs, etc., ils se préparent à l'or-

6

dinaire après avoir été lavés, etc. on pourra faire cuire aux trois quarts petits pois, fèves, haricots verts, et toutes espèces de légumes, les assaisonner ainsi qu'on le fait, lorsqu'on veut en faire usage de suite, les mettre en bouteilles ou autres vases lorsqu'ils sont refroidis, les boucher, etc. et leur donner une demi-heure de bouillon au bain-marie ; on aura par ce moyen des légumes bien conservés, tout préparés, dont on pourra faire usage à la minute, sans autre précaution que celle de faire chauffer ; et encore il est bien des cas où ces légumes pourraient se manger froids ; on évitera de cette manière tout embarras pour les voyages de terre et de mer, etc.

CHICORÉE ET ÉPINARDS.

Je prépare la chicorée et les épinards comme d'usage, soit au gras ou au maigre ; chaque bouteille de litre contient deux ou trois plats, soit d'épinards ou de chicorée, suivant qu'ils sont forts. Lorsque je n'ai besoin que d'un plat, je rebouche la bouteille que je garde pour un autre jour.

JULIENNE.

Après avoir vidé une bouteille de litre de julienne conservée, j'ajoute deux litres d'eau bouillante, avec un peu de sel, et j'ai un potage pour douze à quinze personnes.

COULIS DE RACINES.

Ainsi que la julienne, les coulis de racines, les purées de lentilles, de carottes, d'oignons, etc. bien préparés, fourniront d'excellents potages à la minute, avec la plus grande économie.

Tous les farineux, tels que le gruau, le riz, l'épautre, la semoule, le vermicelle, et généralement toutes les pâtes nourrissantes et de facile digestion, pourront être assaisonnés et préparés, soit au gras ou au maigre, même avec du lait, avant de le soumettre aux procédés conservatoires, pour en faciliter l'usage à la mer, et aux armées au moment des besoins.

TOMATES.

J'emploie les tomates où pommes-d'amour conservées aux mêmes usages que dans la saison ; elles n'ont besoin, en sortant de la bouteille, que d'être chauffées et assaisonnées convenablement.

Comme l'oseille conservée par les procédés que j'ai indiqués, ne diffère en rien de celle du mois de juin, au sortir du vase, je l'emploie de la même manière que dans la saison.

MENTHE.

Quant à la menthe poivrée et à toutes les plantes qu'on peut conserver en branches par les mêmes procédés, ce sera aux artistes qui en font usage à les employer convenablement, ainsi que les sucs d'herbes.

FRUITS.

La manière de faire usage des fruits, conservés par les procédés que j'ai indiqués, consiste 1° à mettre chaque fruit dans un compotier, tel qu'il se trouve dans la bouteille, sans y ajouter de sucre, parce que beaucoup de personnes préfèrent les fruits avec leur suc naturel, particulièrement les dames; on accompagne ces compotes d'un autre compotier de sirop de raisin, ou de sucre en poudre pour les amateurs. J'ai reconnu, par l'expérience que le sirop de raisin conserve infiniment mieux que le sucre, l'arôme et l'acidité agréable des fruits. Voilà la manière la plus simple et la plus économique de préparer d'excellentes compotes, manière d'autant plus commode que chacun peut satisfaire son goût pour le plus ou le moins de sucre. 2° Pour faire des compotes sucrées, je prends une livre de fruits conservés, n'importe lequel, que je mets en sortant de la bouteille avec son suc, dans un poêlon sur le feu avec quatre onces de sirop de raisin. Dès qu'il commence à bouillir, je le retire du feu, et j'enlève l'écume au moyen d'un morceau de papier gris que j'applique sur la surface. Aussitôt que j'ai écumé, je retire légèrement le fruit du sirop, pour le mettre dans un compotier; après avoir fait réduire le sirop, sur le feu, de moitié de son volume, je le mets sur le fruit dans le compotier. Ces fruits ainsi préparés sont suffisamment sucrés, et aussi savoureux qu'une compote fraîche faite dans la saison.

COMPOTES A L'EAU-DE-VIE.

3° Pour faire des compotes à l'eau-de-vie, soit de cerises, d'abricots, de prunes de reine-claude, de poires, de pêches et de mirabelles, etc, je prends indistinctement une livre de fruits avec le suc que je mets dans un poêlon sur le feu avec un quarteron de sirop de raisin. Lorsqu'il est prêt à bouillir, j'écume; après quoi je retire légèrement le fruit du sirop, pour le mettre dans un vase ; je laisse le sirop sur le feu, jusqu'à ce qu'il soit réduit au quart de son volume ; ensuite je le retire du feu, pour y ajouter un verre de bonne eau-de-vie ; et après avoir bien mêlé le tout, je verse ce sirop chaud sur le fruit que j'ai mis dans le vase, que j'ai soin de bien fermer, afin que le fruit se pénètre mieux de ce sirop, etc.

On fera également avec la poire et la pêche conservées des compotes grillées, ainsi que des compotes au vin de Bourgogne avec de la canelle, etc.

MARMELADES.

4° Je fais de la marmelade soit d'abricots, de pêches, de prunes de reine-claude et de mirabelles, par le procédé suivant. Je mets pour livre de fruits conservés, une demi-livre de sirop de raisin ; je fais cuire le tout ensemble à grand feu ayant soin de bien remuer avec une spatule, afin d'éviter que le fruit brûle ; lorsque la marmelade est cuite, à une consistance légère, je le retire, parce que les confitures les moins cuites sont toujours les meilleures. Comme les fruits conservés donnent la facilité de ne faire des confitures qu'au fur et à mesure des besoins, en les faisant cuire légèrement, on aura toujours d'excellentes confitures fraîches.

GELÉE DE GROSEILLES.

Le moyen de faire de la gelée de groseilles, avec le suc de ce fruit conservé, est tout simple ; je mets demi-livre de sucre pour livre de suc de groseilles (qui doit être parfumé d'un peu de framboise). Après avoir clarifié et fait cuire mon sucre au cassé, je mets la groseille, je lui donne trois ou quatre bouillons, et lorsqu'elle tombe de l'écumoire en petite nappes pas plus grosses qu'une lentille, je la retire du feu pour la mettre dans des pots, etc.

SIROP DE GROSEILLES.

Pour faire du sirop de groseilles, je fais chauffer le suc de ce fruit jusqu'à ce qu'il soit prêt à bouillir ; je le retire pour le passer à la chausse. Par ce moyen je l'obtiens limpide et dépouillé de son mucilage ; aussitôt qu'il est passé, je mets demi-livre de sirop de raisin, pour livre de fruits, le tout ensemble sur le feu. Lorsqu'il est cuit à consistance d'un sirop léger, je le retire du feu pour le mettre en bouteilles lorsqu'il est refroidi.

Voici un moyen bien plus simple et plus économique, de faire usage, non-seulement du suc de groseilles, mais de celui de tous les fruits dont on se sert pour composer des boissons acidules. Ce moyen consiste tout bonnement à mettre dans un verre d'eau légèrement sucrée avec du sirop de raisin, plein une cuiller à bouche de suc de groseille conservé, ou de tout autre, tel qu'il se trouve dans la bouteille, à sur-

vider dans un autre verre, et à le prendre ; ce moyen sera d'autant plus facile,
qu'en tout temps il sera aisé d'avoir chez
soi ou de se procurer à peu de frais de ces
sucs ainsi conservés ; c'est de cette manière
que depuis quinze ans nous nous servons
à la maison du suc de groseilles, et le plus
souvent nous préparons cette limonade sans
sucre ni sirop.

GLACES.

J'ai préparé et fait des glaces de groseilles,
de framboises, d'abricots, de pêches, ainsi
que de fraises, conservées comme je l'ai
indiqué, par la méthode employée dans la
saison de ces fruits.

J'ai fait ces expériences avant qu'il fût
encore question du sirop de raisin ; main-
tenant que cette production touche à sa
perfection, le sirop de raisin aigrelet ou
acide, de la fabrique de M. Privat, de
Meze, remplacera bientôt avec avantage le
sucre de canne pour la préparation des

glacès de fruits. Comme je l'ai déjà observé,
le sirop de raisin conserve mieux que le
sucre, l'arôme de tous les fruits. Le sucre
masque tellement le goût des fruits, qu'on
est obligé d'ajouter dans toutes les glaces à
fruit, le suc de plusieurs citrons pour en
faire ressortir l'arôme ; ainsi, lorsqu'on emploiera le sirop de raisin aigrelet, on sera
dispensé des citrons, et les glaces de fruit
en seront plus moelleuses. Les sirops doux
de raisin s'emploieront avec succès pour
toutes les glaces à la crême.

LIQUEURS.

J'ai composé des liqueurs et des ratafiats avec des sucs de fruits conservés, et
sucrés avec le sirop de raisin. Ces préparations ne le cédaient en rien aux meilleures liqueurs de ménage.

Les moyens simples et faciles que je viens
d'indiquer de préparer tous les fruits conservés, pour l'usage journalier, prouvent
suffisamment que cette méthode aussi sûre

qu'utile, apportera la plus grande économie dans la consommation du sucre de
canne. Les consommateurs, et les artistes
particulièrement, qui par état sont obligés
pendant l'été à des provisions considéra-
bles de cette denrée étrangère, pour les
sirops, les confitures, les liqueurs, ainsi
que pour tous les objets de pharmacie, en
seront dispensés; et en effet il leur suffira
de faire leur provision de fruits à la récolte,
et de les conserver par cette nouvelle méthode, pour ne les préparer au sucre qu'au
fur et à mesure des besoins. Il en résultera, que la majeure partie de tous ces fruits
ainsi conservés, seront consommés, sans
ou avec très-peu de sucre; que beaucoup
seront préparés avec le sirop de raisin, et
qu'il n'y aura que pour des objets indispensables, et pour satisfaire de vieilles ha-
bitudes, ainsi que le luxe de quelques tables, qu'on emploiera le sucre de canne.

Il en résultera, que dans une bonne année il ne faudra pas de sucre pour faire des

provisions pour les cas de disette, et qu'on obtiendra à peu de frais, avec des fruits conservés de deux, trois et quatre ans, les mêmes jouissances que dans les années d'abondance.

MARRONS.

Je plonge les marrons conservés dans l'eau fraîche; au sortir du vase, je les poudre d'un peu de sel menu, et je les fais griller dans la poêle, à grand feu. De cette manière ils sont excellents; on peut se dispenser de les mouiller et d'y mettre du sel, mais il faut toujours qu'ils soient grillés à grand feu.

J'emploie les truffes conservées aux mêmes usages et de la même manière, comme lorsqu'elles ont été recueillies nouvellement, ainsi que les champignons.

MOUT DE RAISIN.

Lorsque je fis mes premières expériences pour conserver le moût de raisin dans son état récent, *l'instruction sur les moyens de*

suppléer le sucre, dans les principaux usages qu'on en fait pour la médecine et l'é-
conomie domestique, par M. Parmentier,
n'était pas encore à ma connaissance. C'est
dans cette précieuse instruction que j'ai
puisé les moyens d'employer à de nouvelles
expériences deux cents bouteilles de moût
de raisin que j'avais conservé six mois au-
paravant.

1° J'ai fait de très-bon sirop de raisin, en
suivant les procédés de M. Parmentier,
que voici littéralement.

PRÉPARATION DE SIROPS DE RAISIN.

« On prend vingt-quatre pintes de moût,
» et on en met la moitié dans un chaudron
» placé sur le feu, avec la précaution d'é-
» viter une trop forte ébullition. On ajoute
» de nouvelle liqueur à mesure que celle
» du chaudron s'évapore; on écume et on
» agite à la surface, pour augmenter l'éva-
» poration. Lorsque la totalité du moût est
» introduite, on écume, on retire la chau-

» dière du feu, et on ajoute de la cendre lessi-
» vée, enfermée dans un nouet, ou du blanc
» d'Espagne, ou de la craie réduite en pou-
» dre et délayée préalablement dans un
» peu de moût, jusqu'à ce qu'il ne se fasse
» plus d'effervescence ou espèce de bouil-
» lonnement dans la liqueur, qu'on a soin
» d'agiter. Par ce moyen on sépare, on neu-
» tralise les acides contenus dans le raisin ;
» on s'assure que la liqueur n'est plus acide,
» lorsque le papier bleu qu'on y plonge
» n'est pas coloré en rouge. Alors on re-
» place la chaudière sur le feu, après avoir
» laissé déposer un instant, et on y met deux
» blancs d'œufs battus. On filtre la liqueur
» à travers une étoffe de laine fixée sur un
» châssis de bois de douze à quinze pouces
» carrés, de manière à occuper peu de place ;
» on fait bouillir de nouveau, et on continue
» l'évaporation.

» Pour connaître si le sirop est cuit, on
» en laisse tomber avec une cuillère sur une
» assiette : si la goutte tombe sans jaillir et

» sans s'étendre, ou si en la séparant en
» deux les parties ne se rapprochent que
» lentement, alors on juge qu'il a la consis-
» tance requise.

» On le verse dans un vaisseau de terre
» non vernissé, et après qu'il est parfaite-
» ment refroidi on le distribue dans des
» bouteilles de médiocre capacité, propres,
» sèches, bien bouchées, qu'on porte à la
» cave. Il faut qu'une bouteille, une fois
» entamée, ne reste pas long-temps en vi-
» dange, et avoir l'attention de la tenir le
» goulot renversé, chaque fois qu'on s'en
» est servi.

» Il n'est guères possible de déterminer
» d'une manière précise la quantité de craie
» ou de cendre qu'il est nécessaire d'em-
» ployer ; il en faut moins au midi qu'au
» nord, mais, dans tous les cas, l'excé-
» dant ne saurait nuire, vu qu'il reste con-
» fondu sur le filtre avec les autres sels in-
» solubles et les écumes.

» Si dans la vue de conserver plus long-

» temps ces sirops, on portait la cuisson
» trop loin, on se tromperait, car il ne tar-
» derait pas à se cristalliser au fond des
» bouteilles et à se décuire; dans le cas con-
» traire, si on ne l'évaporait pas suffisam-
» ment, il fermenterait bientôt : une ména-
» gère n'aura pas fait deux fois de ces sirops,
» qu'elle saura saisir le degré de cuisson
» qu'il faut leur donner, mieux qu'on ne
» pourrait lui indiquer le point où il con-
» vient qu'elle s'arrête. »

SIROPS ET RATAFIATS.

C'est avec ce même sirop que j'ai préparé
les compotes, les confitures, les sirops et
les boissons acidules, ainsi que des liqueurs
et ratafiats de tous les fruits dont j'ai parlé.

2° J'ai fait avec le même moût du sirop
par les mêmes procédés, excepté que je
n'ai fait cuire ce dernier que légèrement,
c'est-à-dire un quart de moins que le premier, voulant m'assurer si au moyen de
l'application de la chaleur au bain-marie

7

par les procédés indiqués, il se conserve-rait. Mon sirop ainsi préparé, lorsqu'il a été refroidi, je l'ai mis dans trois demi-bouteilles, l'une pleine et les deux autres en vidange d'un quart et de moitié; j'ai bouché, ficelé, etc., et soumis au bain-marie jusqu'au bouillon seulement, etc. Je n'ai remarqué aucune différence de la bou-teille pleine à celles en vidange , et toutes trois se sont parfaitement conservées.

3° J'ai pris six pintes de moût de raisin conservé, auxquelles j'ai ajouté deux pintes de bonne eau-de-vie vieille portant vingt-deux degrés, avec deux livres de sirop de raisin que j'avais préparées. Cette préparation que j'ai bien mêlée m'a servi à composer quatre liqueurs différentes , au moyen d'in-fusions de noyaux d'abricots, de menthe, de fleur d'orange et de badiane que j'avais disposées à l'avance; ces liqueurs bien fil-trées ont été trouvées fort bonnes et suffisam-ment sucrées.

4° J'ai pris deux bouteilles de moût couservé que j'ai débouchées et transvasées dans deux autres bouteilles propres qui ont été de suite bouchées et ficelées ; j'ai laissé ces deux bouteilles debout pendant dix jours ; après cet intervalle, cette liqueur fit sauter son bouchon comme le meilleur vin de Champagne, et moussait de même.

5° J'ai répété cette dernière expérience de la même manière. Au bout de douze à quinze jours, ne voyant aucune apparence de fermentation dans les bouteilles, je les débouchai pour leur rendre de l'air, et je mis dans deux plein une cuiller à bouche du sue de framboises conservé. Après les avoir rebouchées et ficelées, je les ai encore laissé passer huit jours debout ; au bout de ce temps, le blanc et le rosé firent sauter le bouchon ; ils moussaient parfaitement et étaient fort agréables au goût, particulièrement le rosé parfumé de framboises.

D'après ces expériences faites avec le raisin de Massy, il est plus que probable que dans le midi on obtiendra, ainsi que dans les bons vignobles , des résultats infiniment précieux , en faisant usage de cette méthode. On y conservera ainsi le moût de raisin pour le rapprocher à volonté par la congélation en consistance de sirop, après l'avoir désacidifié , pour le sirop doux ; ou bien si on rapproche le moût sur le feu, le degré de cuisson de 25, 30 ou 33 à l'aréomètre , deviendra indifférent pour conserver ces sirops pendant plusieurs années , en les soumettant à l'application de la chaleur du bain-marie , par les procédés préparatoires que j'ai employés.

Au moyen de ces procédés, faciles à mettre en pratique et surtout peu coûteux dans l'exécution , on obtiendra des sirops plus clairs, plus blancs (fussent-ils faits de raisin noir) et d'une douceur franche et libre, exempts de goût de mélasse et de caramel ; ce qu'on n'a pu encore éviter quand on a voulu donner au sirop de raisin le degré de cuisson convenable pour le garder.

C'est ainsi que conservée dans des bou-

teilles ou dames-jeannes de toutes capacités,
cette précieuse production pourra être ex-
portée à de longues distances, en toutes
saisons, et venir de Bergerac, de Mèze, et
de toutes les fabriques du midi, bonifier les
produits de nos petits vignobles, et faire
jouir toutes les classes de la société de cette
utile ressource.

D'après l'exposé de toutes les expériences
qu'on vient de détailler, on voit que cette nouvelle méthode de conservation est fondée
sur un principe unique, l'application du
calorique à un degré convenable aux diverses substances, après les avoir privées,
autant que possible du contact de l'air (1).

_____

(1) Au premier aperçu on pourrait croire qu'une
substance, soit crue, ou préparée sur le feu, ensuite
mise en bouteilles après avoir fait le vide, et parfaitement bouchée, se conserverait également sans l'application du calorique au bain-marie; ce serait une
erreur, car toutes les tentatives que j'ai faites,
m'ont démontré que les deux points essentiels, la
privation absolue du contact de l'air extérieur,

Il ne s'agit point ici, comme dans les expériences des chimistes de Bordeaux, de détruire l'aggrégation des substances alimentaires ; d'avoir d'un côté la gelée animale, et
de l'autre la fibre privée de tout son suc, et
semblable à un cuir tanné. Il ne s'agit
point, comme dans les tablettes de bouillons, de préparer à grands frais une colle
tenace plus propre à déranger l'estomac
qu'à lui fournir un aliment salubre.

Le problême consistait à conserver toutes
substances nutritives avec leurs qualités
propres et constituantes. C'est ce problême
que j'ai résolu, comme il est démontré par
mes expériences (1).

_____

(celui qui peut se trouver dans l'intérieur ne doit
pas inquiéter, parce qu'il est réduit à l'impuissance
par l'action du feu) et l'application du calorique au
bain-marie, sont indispensables l'un et l'autre pour
la parfaite conservation des substances alimentaires.

(1) Des hommes très-éclairés , mais peut-être
trop livrés à l'esprit de système et de prévention,
se sont prononcés contre ma méthode ; alléguant

C'est à la solution de ce problême que
j'ai employé vingt ans de travaux et de mé-

une prétendue impossibilité. Cependant, d'après les
principes d'une saine physique , est-il donc si difficile de rendre raison des causes de la conservation
des substances alimentaires par mon procédé ? ne
voit-on pas que l'application du calorique par le
bain-marie, doit opérer doucement une fusion des
principes constituants et fermentescibles , de manière qu'il n'y ait plus aucun agent de la fermentation
qui domine ; cette prédominance est une condition
essentielle pour que la fermentation ait lieu au
moins avec une certaine promptitude. L'air, sans
lequel il n'y a point de fermentation , étant exclu ,
voilà deux causes essentielles qui peuvent rendre
raison du succès de ma méthode , dont la théorie
paraît naturellement la suite des moyens mis en
pratique.

En effet, si l'on rapproche toutes les méthodes
connues, toutes les expériences et les observations
qui ont été faites dans les temps anciens et modernes, sur les moyens de conserver les comestibles, on reconnaîtra partout le feu comme l'agent
principal qui préside, soit à la durée , soit à la
conservation des productions végétales et animales.

ditations, ainsi que ma fortune. Heureux
déjà d'avoir pu servir mes concitoyens et
l'humanité, je me repose sur la justice, la
générosité et les lumières d'un Gouvernement sage qui ne cesse d'encourager et de
protéger toutes les découvertes utiles. Il
verra que l'auteur de cette méthode de conservation ne pourrait trouver, dans la décou-

---

Fabroni a prouvé que la chaleur appliquée au
moût de raisin détruisait le ferment de ce *végéto-
animal* qui est le levain par excellence. Thénard
a fait de semblables expériences sur des groseilles,
des cerises et autres fruits. Les expériences de feu
Vitaris et de M. Cazalès, savants chimistes de
Bordeaux, qui ont fait dessécher des viandes par le
moyen des étuves, prouvent également que l'application de la chaleur détruit les agents de la putréfaction.

La dessiccation, la coction, l'évaporation, ainsi
que les substances caustiques ou savoureuses qu'on
emploie pour la conservation des productions alimentaires servent à prouver que le calorique opère
les mêmes effets, *etc.*

verte même, le dédommagement de ses peines et de ses dépenses. La plus grande importance, en effet, de ce procédé, son usage principal est pour les besoins des hospices civils et militaires, et particulièrement pour ceux de la marine. C'est dans ces administrations que je puis trouver l'emploi de mes moyens d'une manière utile à l'Etat, ainsi que la juste récompense de mes travaux. J'attends tout des vues bienfaisantes du ministre, et mon attente ne sera pas trompée.

OBSERVATIONS GÉNÉRALES.

Les bouteilles et autres vases de toutes capacités, propres à la conservation des substances alimentaires n'exigeront que de petites avances à faire une fois. On pourra toujours s'en servir de nouveau, pourvu qu'on ait soin de les rincer aussitôt qu'ils seront vides. Les bons bouchons, la ficelle, le fil de fer, ne sont pas une grande dépense. Dès que cette méthode sera connue, on trouvera les bouteilles et vases convenables, chez les faïenciers, les bouchons de tous calibres et passés au mâchoir seront fournis par les bouchonniers, ainsi que le fil de fer tout préparé. Il sera toujours prudent de se procurer les bouchons avant les bouteilles, pour ne s'approvisionner que de celles qui auraient des embouchures proportionnées à la grosseur des bouchons qu'on aura ; car il peut arriver, ce que j'ai éprouvé souvent, de ne pouvoir trouver des bouchons de grosseur telle qu'on pourrait la désirer.

Les verreries de la Garre, de Sèves et des Prémontrés près Coucy-le-Château, ont déjà l'usage pour la confection des bouteilles et bocaux nécessaires à la méthode conservatoire. Cette dernière, qui me fournit depuis quatre ans, est celle dont j'ai été le plus satisfait.

Le moyen de bien boucher ne dépend que d'un peu de pratique ; il suffira de boucher une douzaine de bouteilles avec l'assurance et l'exactitude couvenables pour se familiariser d'une manière plus particulière avec le verre. Partout et tous les jours on met des vins, des liqueurs, etc. en bouteilles, qu'on fait voyager par terre et par mer jusqu'aux régions les plus éloignées; il n'y a pas jusqu'aux dames-jeannes de verre de quarante à quatre-vingt litres de capacité qu'on ne soit parvenu à faire voyager toutes pleines d'huile de vitriol et d'autres liqueurs. Il en sera de même de toutes les productions animales et végétales conservées en bouteilles ou autres vases en verre, lorsqu'on aura pris l'habitude des soins et des précautions nécessaires. C'est à quoi l'on manque le plus souvent. Combien de liqueurs précieuses et d'autres substances seraient mieux conservées, et qui souvent sont perdues ou altérées faute d'avoir été bien bouchées !

Personne ne doutera, d'après toutes les expériences que je viens de détailler, que la mise en pratique de cette nouvelle méthode qui, comme on a pu le juger, réunit à la plus grande économie un degré de perfection inespéré jusqu'à ce jour, ne procure tous les avantages suivants :

1° Celui de diminuer considérablement la consommation du sucre de canne, et celui de donner la plus grande extension aux fabriques de sirop de raisin.

2° Celui de conserver pour l'usage, partout et en toutes saisons, les productions alimentaires ou médicamenteuses dont on aura besoin, très-abondantes dans certaines saisons ou dans diverses contrées ; lesquelles substances sont gaspillées et se donnent à vil prix, tandis que dans d'autres circonstances, elles doublent et quadruplent de valeur, et qu'il est même impossible de s'en procurer à aucun prix : tels sont entr'autres le beurre et les œufs.

3° Celui de procurer aux hospices civils et militaires, aux armées même, les secours les plus précieux dont les détails seraient inutiles. Mais les grands avantages de cette méthode consistent particulièrement dans son application aux usages de la marine : elle fournira pour les voyages de long cours une nourriture fraîche et salubre à bord des vaisseaux de S. M., avec une économie de plus de cinquante pour cent. Les gens de mer, dans leurs maladies, auront le bouillon et diverses boissons acidules, des légumes, des fruits ; en un mot ils pourront jouir d'une foule de substances alimentaires et médicamenteuses, qui seules suffiront souvent pour prévenir ou guérir les maladies que l'on contracte sur mer, et principalement la plus terrible de toutes, le scorbut. Ces avantages sont bien dignes de fixer l'attention, quand on réfléchit que les salaisons et leurs mauvaises qualités, surtout, ont plus fait périr d'hommes, que les naufrages et la fureur des combats.

4° La médecine trouvera dans cette méthode les moyens de soulager l'humanité, par la facilité de trouver partout, et en toutes

saisons , les substances animales et tous les
végétaux , ainsi que leurs sucs , conservés
avec toutes leurs qualités et vertus naturelles :
par le même moyen elle se procurera des
secours infiniment précieux , par les productions des régions lointaines conservées
dans leur état récent.

5° Il résultera de cette méthode une branche nouvelle d'industrie relative aux productions de la France , par l'exportation
et l'importation dans l'intérieur et à l'étranger des denrées dont la nature a favorisé les
différents pays.

6° Cette méthode facilitera l'exportation
des vins de plusieurs vignobles. En effet,
des vins qui peuvent à peine supporter un
an , et encore sans déplacement, pourront
être envoyés à l'étranger et se conserver
plusieurs années.

Enfin, une telle invention doit enrichir
le domaine de la chimie, et deviendra le bien
commun de toutes les nations qui en reti-
reront les fruits les plus précieux.

Tant d'avantages et une infinité d'autres, qui se présenteront assez à l'imagination du lecteur, produits par une seule et même cause, sont une source d'étonnement.

F I N.

TABLE

DES MATIÈRES.

~~~~~~~~~~

10

FIN DE LA TABLE.